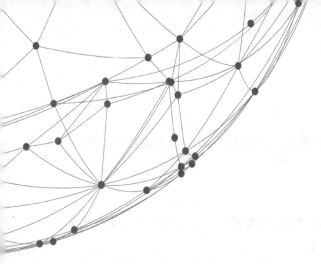

ZHONGGUO HEIZHU CHANYE PINPAI PEIYU YU
XIAOFEI SHENGJI YANJIU BAOGAO

中国黑猪产业

品牌培育与消费升级研究报告

王晓红　唐振闯　主编

U0272185

中国农业科学技术出版社

图书在版编目（CIP）数据

中国黑猪产业品牌培育与消费升级研究报告／王晓红，唐振闯主编．—北京：中国农业科学技术出版社，2019.12

ISBN 978-7-5116-3547-1

Ⅰ.①中… Ⅱ.①王…②唐… Ⅲ.①养猪业–品牌战略–研究报告–中国②养猪业–消费经济学–研究报告–中国 Ⅳ.①F326.3

中国版本图书馆 CIP 数据核字（2019）第 272714 号

责任编辑	张国锋
责任校对	李向荣

出 版 者	中国农业科学技术出版社
	北京市中关村南大街 12 号　邮编：100081
电　话	（010）82106636（编辑室）　（010）82109702（发行部）
	（010）82109709（读者服务部）
传　真	（010）82106631
网　址	http://www.castp.cn
经 销 者	各地新华书店
印 刷 者	北京建宏印刷有限公司
开　本	787mm×1 092mm　1/16
印　张	4
字　数	110 千字
版　次	2019 年 12 月第 1 版　2019 年 12 月第 1 次印刷
定　价	30.00 元

《中国黑猪产业品牌培育与消费升级研究报告》
编 委 会

前　言

中国黑猪是中国本土猪种的典型代表，种类多、分布广、肉质好、耐粗饲、抗病性强，但与外来猪种相比，存在生长速度缓慢、屠宰率低、瘦肉率低、产仔成活率低等缺点。改革开放以来，我国养猪业从家庭副业向商品化规模转型，促使洋猪代替土猪，白猪代替黑猪，最终造成洋猪一统天下，黑猪逐渐退化，甚至部分品种濒危灭绝。黑猪作为我国的重要动物遗传资源，是畜牧业可持续发展的前提，更是我们国家重要的战略种质资源。通过培育中国黑猪产业，促进中国黑猪种质资源保护，刻不容缓。

从消费角度来看，我国是传统猪肉消费大国，猪肉是中国人主要的肉食来源，占肉类消费的60%以上。近些年来，我国居民食物需求发生了巨大变化，由量的满足向质的要求转变。健康是食物消费的必然追求，品质消费成为食物消费升级的重要方向。猪肉作为占比最大的动物性食物来源，必然适应消费升级的需要，而黑猪肉产品也可作为猪肉消费升级的突破口。近年来，一些地方的黑猪、土猪又被重新开发利用，黑猪肉产品日趋受到消费者追捧，黑猪产业发展势头良好。

与此同时，中国黑猪产业也存在诸多问题。比如，中国黑猪种质资源保护力度不够，黑猪产品开发利用深度不够，黑猪市场品牌培育尚未成熟，黑猪识别和认证体系尚未完善。

围绕以上问题，农业农村部食物与营养发展研究所、中国肉类协会、中国畜牧业协会和中国农业科学院北京畜牧兽医研究所四家单位组织专家系统归纳了制约黑猪产业发展的问题瓶颈，及提出促进黑猪产业发展的政策建议，并提出通过开发利用促进黑猪种质资源保护的倡议。整体而言，我们的黑猪产业面临规模小、底子薄、基础弱，黑猪种质资源保护形势还很严峻，黑猪种质资源开发利用还不充分，黑猪行业科学研究基础薄弱，黑猪产业相关服务体系还未完善，黑猪产业还未与国际接轨等问题。下一步应该从加大种质资源保护和开发利用，培育优秀黑猪品牌和名牌企业，制订行业标准体系和优质优价机制，加强国际交流和国际合作等方面推动黑猪产业转型升级。

本书的另一项重要内容是对市场上常见黑猪肉感官品质、营养品质和风味品质进行了分析评价，初步建立黑猪肉产品品质评价体系。评价分析结果显示，黑猪肉肉色鲜红，剪切力低，肉嫩，口感较好；黑猪肉中铁、锌、硒等含量显丰富，特征风味形成的潜在前体物质含量较高。这些黑猪肉品质指标的评级分析，科学诠释了黑猪肉好吃味美的本质。

　　本书的初心是通过促进中国珍稀的、有价值的黑猪种质资源保护和开发利用，推动中国黑猪产业的转型升级，进一步把培育黑猪产业作为乡村振兴和农民增收的重要抓手，把培育黑猪产业作为满足人民美好生活向往和食物消费升级需求的途径。本书可供政府主管部门、科研与教学人员、行业从业人员等参考选用。在本书编写过程中可资借鉴的经验不多，书中难免存在不足和疏漏甚至错误。在此，我们既诚恳地希望得到社会各界和专业人士的理解和支持，更热切地欢迎大家对我们的工作提出批评、意见和改进建议，以便今后再版时修改完善。

编　者

2019 年 9 月

目　录

第一章 培育中国黑猪产业发展的背景和意义

中国是世界闻名的养猪大国，养猪历史悠久，拥有丰富的猪种遗传资源，是世界猪种遗传资源的重要组成部分。中国黑猪是中国本土猪种的典型代表，种类多、分布广、肉质好、耐粗饲、抗病性强，但与外来猪种相比，存在生长速度缓慢、屠宰率低、瘦肉率低、产仔成活率低等缺点。改革开放以来，我国养猪业从家庭副业向商品化规模转型，促使洋猪代替土猪，白猪代替黑猪，最终造成洋猪一统天下，黑猪逐渐退化，甚至部分品种濒危灭绝。黑猪作为我国的重要动物遗传资源，是畜牧业可持续发展的前提，更是我们国家重要的战略种质资源。通过培育中国黑猪产业，促进中国黑猪种质资源保护，刻不容缓。

从消费角度来看，我国是传统猪肉消费大国，猪肉是中国人主要的肉食来源，占肉类消费的60%以上。近些年来，我国居民食物需求发生了巨大变化，由量的满足向质的要求转变。猪肉作为动物性食物的重要组成部分，必然成为食物消费升级的重要抓手。健康是食物消费的必然追求，品质消费成为食物消费升级的重要方向。猪肉作为占比最大的动物性食物来源，必然适应消费升级的需要，而黑猪肉产品也可作为猪肉消费升级的突破口，在中国特色的现状下，以品牌化为引领，倒逼"质量兴农""绿色兴农"，最后实现品牌强农。

近年来，一些地方的黑猪、土猪又被重新开发利用，黑猪肉产品日趋受到消费者追捧，黑猪产业发展势头良好。当前，发展中国黑猪产业不仅顺应了畜牧业供给侧改革的必然要求，也是推进生猪种质资源开发利用的有效途径和促进农民收入增加的有力举措，还是传承中国千年猪文化的必然选择和保障动物福利健康养殖的有益探索。

一、满足人民美好生活向往的客观需要

习总书记在党的十九大报告中多次提及"美好生活"的理念，并指出中国特色社会主义进入新时代，我国社会主要矛盾已经转化为人民日益增长的美好生活需要

和不平衡不充分的发展之间的矛盾。近年来，我国食物供给充足保障，基本实现了由"吃得饱"向"吃得好"转变，为我国居民营养健康水平提高奠定了基础。"健康中国2030规划纲要"指出全民健康是建设健康中国的根本目的。民以食为天，创建全民健康的美好生活社会和实现健康中国2030规划目标，必然要以食物营养为基础，以卫生健康做保障。这就要求从食物的供给侧提供更加多样、更加营养、更加美味的农产品。黑猪肉作为我国城乡居民的传统美食，是消费升级的重要选择。发展黑猪产业，为居民提供口感好、味道美、解乡愁的黑猪肉产品，既可以满足人民对食物消费升级的需求，也可以提高居民生活获得感和幸福感。

二、适应畜牧业供给侧改革的必然要求

农业农村部于康震副部长谈到"深化畜牧业供给侧结构性改革"指出，扎实推进畜牧业供给侧结构性改革要在"优、特、美"字上做文章。"优"就是改善畜牧业供给体系，调整优化生产结构和产品结构，增强动物产品供给侧结构的适应性和灵活性，为消费者提供更丰富、更优质、更适销对路的产品；"特"就是要在贫困地区加快培育黑猪等优势特色畜产品的开发，走差异化竞争路线，打造高品质、有口碑的"金字招牌"；"美"就是要加大养殖产业塑形美容和营销宣传力度，加强品牌培育和消费引导。黑猪产业兼具"优、特、美"多种特性，理应成为畜牧业供给侧结构性改革的重要抓手。

三、推进生猪种质资源保护开发利用的有效途径

对畜禽种质资源物种而言，最好的保护就是加快其开发利用。我国政府高度重视畜禽遗传资源的保护开发利用工作，先后出台了一系列管理法规和政策性文件，特别是2006年颁布实施的《中华人民共和国畜牧法》，使我国畜禽遗传资源保护与开发利用逐步走上法治化轨道。近年来，农业农村部加大畜禽遗传资源保护与开发利用。农业农村部韩长赋部长在部署加强农业物种资源保护与利用工作会议强调，当前要对濒危、濒临灭绝的物种，及时采取抢救性保护措施，抓紧建设国家级畜禽资源保种场区，要加强畜禽遗传资源开发和利用。近期，《国务院办公厅关于稳定生猪生产促进转型升级的意见》指出支持地方猪保种场、保护区和基因库完善基础

设施条件，促进地方猪种保护与开发作为种质资源保护的重要措施。可见，以黑猪为代表的地方猪种不仅是我国畜禽遗传资源的宝贵财富，而且在世界生猪遗传资源中占有重要地位。促进中国黑猪产业发展，既可以保护中国传统的地方黑猪种质资源，也可以加快其开发利用。

四、促进农民增加收入的有利举措

乡村振兴的关键是产业振兴，目的是增加农民收入，同时产业振兴也是助力贫困户"输血+造血"的有效脱贫路径。近年来，全国通过产业开发、产业扶贫，全力推进贫困地区特色农业产业转型升级，培育出了一大批特色产业群，成为农民持续增收的重要来源。例如，通过发展中国黑猪等有地域特色、有经济效益的产业，将传统的地方黑猪养殖打造成为创收来源，切实促进农民增收，让越来越多的贫困户实现脱贫摘帽。湘西黑猪探索"236"模式，一对夫妻每年养300头湘西黑猪，保证6万元以上收入，为湘西地区特色产业精准扶贫项目。恩施黑猪的"161"模式按照"公司+银行+保险+合作社+家庭农场"产业发展模式，带动当地农民脱贫致富。

五、传承中国千年猪文化的必然选择

我国养猪历史文化悠久，猪是最早与人类结缘的动物之一，汉字"家"暗含着无猪不成家。目前已知的中国人养猪最早的证据，出现在距今大约9000年的广西桂林甑皮岩遗址早期文化层。那里出土的猪骨性状和野生品种不同，明显是人工驯养带来的变化。六七千年以前，我国已开始用木栅养猪。到了汉代，已经有人专门从事种猪交配的行当。从刀耕火织到工业革命，人类历史的变迁提供了猪种群生物进化的先决条件，特别是为地方猪种群保留了明显的地域基因。地方饮食文化与地方猪文化相关，东北有杀猪菜，金华火腿要用金华猪，云南烤乳猪自当用滇南小耳猪，经典川菜回锅肉就该用四川的成华猪。在中国悠久的养猪文化中，黑猪一直扮演重要角色并且传承着历史文化。

六、保障动物福利健康养殖的有益探索

随着我国畜牧业迅速发展，规模化养殖所带来的动物福利问题不容忽视。我国动物保护福利起步晚、传统养殖观念根深蒂固，都是阻碍福利水平提高的主要因素。中国黑猪养殖已经在保障动物福利健康养殖做出了有益探索。比如用散养代替圈养，提高了猪的空间自由度和运动时间，网易未央给黑猪"听音乐""蹲马桶""玩玩具""吃液态猪粮"等都是动物福利的有益探索，徒河黑猪给黑猪举行游泳比赛和跑步比赛，也是一种保障动物福利健康养殖的重要实践。

第二章　中国黑猪种质资源分布与保护

一、中国黑猪的定义和特征

2019 年，中国肉类协会制定的《中国黑猪肉团体标准》明确了中国黑猪的范畴，即经过国家畜禽遗传资源委员会鉴定通过的地方猪品种或审定通过的培育品种，同群猪背毛以黑色为主，但不限于黑色的生猪，均可称为中国黑猪。从商品的角度来看，广义的黑猪也可理解为已较成熟开发利用、同群猪背毛以黑色为主的地方猪。

近年来，外来猪种（瘦肉型猪）在我国的推广，虽然提高了我国生猪生产效率、瘦肉率及料肉比，基本满足了国内猪肉消费数量需求，但也带来抗病力降低、环境适应性差、肉质口感变差等问题。与之相比，我国地方黑猪的种质特性十分明显，主要表现四方面的特性：一是普遍具有母猪性成熟早、耐粗饲；二是抗逆性强，抗寒力与耐热力强，饥饿耐受力强，对高海拔生态适应性强；三是黑猪肉品质优良，猪肉系水力强，肌肉大理石纹适中，肌纤维直径小，肌内脂肪含量高，这也是黑猪肉好吃的重要原因；四是生长速度缓慢，饲料转化率较低，饲养周期较长（一般 8~12 个月），见附件 1。

二、中国黑猪品种及分布

中国黑猪遗传资源是生物多样性的重要组成部分，是维护国家生态安全、农业安全的重要战略资源，是畜牧业可持续发展的物质基础。我国黑猪遗传资源丰富，已发现地方品种 83 个。地方猪品种各具优良特性，分布于我国大江南北，甚至在海拔高 3 000m 以上的青藏高原，也有中国藏猪分布。目前，根据中国猪种的分布、体型外貌、生产性能，并结合产地的自然条件、饲养条件和人类迁移等情况，将中国地方猪种划分为 6 大类型，分别为华北型、华南型、华中型、江海型、西南型和高原型（图 1）。

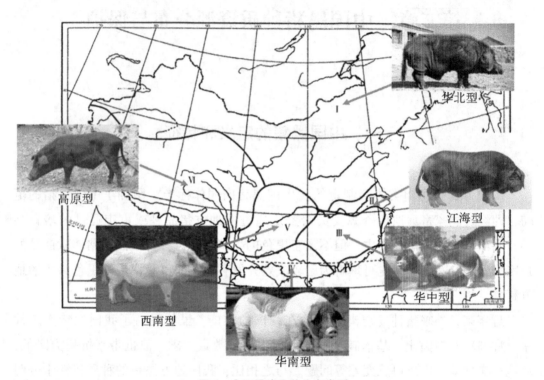

图 1　中国黑猪品种分布类型

具体而言，华北型黑猪分布最广，区域最大，西起四川、甘肃两省交界的岷山（海拔 4 000m），东至河南境内的伏牛山（海拔 2 000m），主要分布于秦岭、淮河以北的广大地区。华南型黑猪区域位于热带和亚热带，雨量充沛，气温不是最高而夏季较长。华中型黑猪主要分布于长江和珠江之间的广大地区，南面与华南型的北缘相接，交接处两型间的混杂杂交情况较少，北面与华北型的混杂杂交地区广而复杂，形成一个交错地带。江海型黑猪分布于华北型和华中型分布区之间的狭长过渡地带。西南型黑猪分布在云贵高原和四川盆地，湖北西南部和湖南西北部，本区地形复杂，以小地为主，其次是丘陵，海拔一般在千米以上，盆地也在 400～700m。高原型黑猪主要分布在青藏高原地区（表 1）。

表1　中国黑猪代表猪种和分布区域

分类	代表猪种	地理分布
华北型	民猪、八眉猪、莱芜猪、徒河黑猪	东北、华北、内蒙古、新疆、宁夏、甘肃以及陕西、湖北、安徽、江苏等四省的大部分地区和青海的西宁、四川的广元附近的小部分地区
华南型	滇南小耳猪、陆川猪、槐猪、桃园猪、香猪、五指山猪	主要分布于云南、广东、广西、福建的南部和台湾省
华中型	宁乡猪、湘西黑猪、大花白猪、南阳黑猪、金华猪、华中两头乌猪	江西和湖南全省、湖北和浙江南部以及福建、广东和广西的北部，安徽和贵州也有局部分布
江海型	太湖猪、浙江虹桥猪	长江中下游沿岸和东南沿海地区
西南型	内江猪、荣昌猪、关岭猪、云南富源大河猪、乌金猪	湖北省的西南部、湖南省的西北部、四川省的东部、重庆市、贵州省的西北部、云南省的大部分地区
高原型	藏猪	主要分布于青藏高原

三、中国黑猪种质资源保护情况

自新中国成立以来，各级政府和部门一直非常重视地方猪种的保护与利用工作。党的"十八大"以来，畜禽遗传资源保护与利用工作得到进一步加强，取得了明显成效。

但由于近年来，外来猪种的推广，"洋猪"凭借其高生产效率在世界范围的猪肉生产中逐渐占据了支配地位，我国众多地方品种面临着被淘汰的严峻考验。由于联合育种机制缺乏、政府投入不足和企业积极性不高等因素，我国地方黑猪遗传资源保护不足。再者，我国的地方品种多，经费少，以及基本群体数量、产品类型、保护利用方法等诸多方面的局限性，致使保种工作难以有效而全面开展，使得濒危地方猪种（类群）数目有逐渐增加趋势。因此如再不及时有效地开展地方猪种的保护与利用工作，将势必造成濒危品种增加、品种血统与数量骤降、遗传多样性迅速缩小，以至灭绝，继而对我国养猪业的可持续发展带来不可估量的损失。《全国畜禽遗传资源保护和利用"十三五"规划》显示，目前中国黑猪濒危品种14个，濒临灭绝品种4个，灭绝品种8个（表2、附件2）。

表 2 中国地方猪遗传资源濒危品种列表

濒危	濒临灭绝	灭绝	小计
淮猪（山猪、灶猪、皖北猪）、马身猪、大蒲莲猪、河套大耳猪、汉江黑猪、两广小花猪（墩头猪）、粤东黑猪、隆林猪、德保猪、明光小耳猪、兰屿小耳猪、华中两头乌猪（赣西两头乌猪）、湘西黑猪、仙居花猪、官庄花猪、闽北花猪、莆田猪、嵊县花猪、赣中南花猪、玉江猪、滨湖黑猪、确山黑猪、安庆六白猪、湖川山地猪（罗盘山猪）	岔路黑猪、碧湖猪、兰溪花猪、沙乌头猪	横泾猪、虹桥猪、潘郎猪、雅阳猪、北港猪、福州黑猪、平潭黑猪、河西猪	36

备注：根据联合国粮农组织推荐标准，某一品种出现下列情况之一即可判定为濒危：繁殖母畜在100~1 000头（只）之间或繁殖公畜在5~20头（只）之间；种群总数量虽然略高于1 000头（只），但呈现出减少的趋势，且纯种母畜的比例低于80%。出现下列情况之一即可判定为濒临灭绝：繁殖母畜总数量低于100头（只）或繁殖公畜低于5头（只）；种群数量低于1 000头（只），且呈现减少趋势。

第三章　中国黑猪养殖现状

一、中国黑猪养殖规模情况

课题组在全国 10 个省份的调研情况来看，估算 2018 年出栏黑猪在 2 000 万头左右，生产黑猪肉 200 万吨，其出栏量和猪肉产量均不足全国的 3%。其中，广东壹号食品股份有限公司作为全国最大的黑猪生产企业，2018 年出栏 50 万头，而同年最大生猪养殖企业广东温氏集团有限公司出栏生猪 2 229 万头。其他几家规模较大的黑猪企业年出栏也是在十万头的数量级上，如 2018 年湘村黑猪股份有限公司出栏黑猪 30 万头，浙江青莲的"膳博士"出栏 26 万头，吉林精气神有机农业有限公司出栏 15 万头左右。可见，中国黑猪产业规模还是比较小，未来发展潜力很大。代表性黑猪企业养殖品种及出栏情况见表 3。

表 3　代表性黑猪企业黑猪出栏情况

企业名称	养殖品种	出栏量（万头）
广东壹号食品有限公司	两广小花猪（地方猪种）	50
湘村高科农业股份有限公司	湘西黑猪（地方猪种）	30
湖南省宁乡市黑猪产业	宁乡猪（地方猪种）	30
浙江青莲食品股份有限公司	嘉兴黑猪、金华猪（地方猪种）	26
吉林精气神有机农业股份有限公司	北京黑猪为父本、大约克夏猪为母本，以本土黑猪为基础培育出优质黑猪新品种"吉神黑猪"（培育品种）	15
网易味央（安吉）现代农业产业园	二花脸猪与杜洛克杂交	2.0
山东六润食品有限公司	莱芜猪（地方品种）	1.0
湘西芙蓉资源农业科技有限公司	湘西黑猪（地方品种）	2.5
山东徒河食品股份有限公司	徒河黑猪	5.0
四川邛崃市嘉林生态农场	成华猪、嘉林黑猪	2.0

（续表）

企业名称	养殖品种	出栏量（万头）
湖南省流沙河花猪生态牧业	宁乡猪（地方品种）	3.6
四川铁骑力士牧业科技有限公司	天府肉猪（培育配套系）	10
海南罗牛山黑猪发展有限公司	定安黑猪	2.0
湖南长沙县双辉农牧开发有限公司	罗代黑猪	1.0

备注：数据来源于课题组调研

二、中国黑猪养殖模式与特点

（一）传统农户模式

传统模式主要为养殖户购进母猪、种猪，进行繁育育肥或购进仔猪育肥，然后通过市场出售，此种模式比较常见。猪舍建设与养殖过程的投入多为自有资金，饲料从市场购买，养殖过程中饲养技术及疫病防控来自饲料与疫苗提供商与自身养殖经验，销售对象主要为中间商贩，养殖户利润高低受市场价格波动影响很大。传统养殖模式下养殖户没有意愿采用其他方式进行养殖，其主要原因在于，市场行情好时传统养殖模式收益大于其他模式收益，养殖户风险防患意识薄弱。

豫西黑猪

栾川县概况

豫西黑猪早期是河南省豫西地区具有特色的一个地方猪品种，其中以栾川县为典型代表。栾川县环境资源丰富，大部分地区为山区，外来资源相对闭塞，多为养殖户养殖黑猪然后到市场进行销售。

传统农户模式

栾川县的农户自己建设简易的猪舍，自行购买仔猪、饲料等进行养殖，销售给当地的中间收购商，销售价格跟随市场价格有较大浮动，存在疫情风险。

特色养殖业

栾川环境资源十分优越，除了适合发展特色旅游业外，其得天独厚的山林资源也是发展特色养殖业的优势资源。因此，栾川的黑猪养殖可以采用圈养和放养两种模式齐头并进的方法，圈养模式在完善圈舍设施的同时，每天都要清理打扫猪舍，保持卫生干净，定期对猪舍及周边环境进行消毒。提高养猪者对防疫工作的认识，加强免疫工作。放养模式应该限定范围，使黑猪进入山林，白天出去活动，晚上回来休息，生产出优质产品，开拓高端市场，满足高端市场需求。

（二）"农户+合作社"模式

"农户+合作社"模式有农户以资金入股方式入社和以生产资料入社两种形式。（1）以资金入股合作社。采取此种模式的合作社实行"农民入股、合作社统一经营、年终按股分红"模式进行运作管理。（2）以购买生产资料入股合作社。此种模式合作社运行机制按照产前帮购种、产中帮技术、产后帮销售的生产经营方式进行，与养殖户签订合同，带动养殖户增收。两种模式区别在于：①入社方式不同。前者以农户购买股份方式入社，后者则以养殖户购买仔猪等生产资料方式入社。②运作机制不同。前者运行模式与公司类似，养殖户委托合作社运营管理，不参与养殖管理及运作；后者所涉养殖户负责猪圈建设及日常养殖管理。

恩施咸丰县黑猪161模式

咸丰县概况

咸丰县为了促进生猪产业更好地发展，探索适应山区特色生猪稳定发展模式，进行了多方面的探讨。咸丰县养殖户规模过大，投资困难；规模过小，尚未形成优势。于是咸丰县采取以滚雪球的办法逐步扩大规模，提出了"161"生猪生产养殖模式。

"农户+合作社"模式

恩施黑猪"161"模式，即1栋100m² 标准化栏舍，饲养6头能繁母猪，年出栏100头育肥猪。通过入股合作社购买仔猪的方式，更大力度地推进"161"黑猪养殖模式的建立，扩大黑猪养殖规模，全面推进恩施黑猪保种扩繁、产品开发、品牌打造等业务。由于措施得力和投入的加大，"161"模式推广在对口帮扶、脱贫致富上为养殖户做了一件实实在在的好事，成为养殖户看得见、建得起、用得上、效果佳的好模式。

（三）"农户+公司"模式

农户使用自有资金按照一定标准建造猪舍，公司验收合格后签订代养合同，同时根据养殖规模，代养户需缴纳养殖保证金，然后公司统一为养殖户垫付猪苗、饲料、兽药疫苗费用，实行"五统一"，即公司统一供苗、统一供料、统一防疫、统一技术培训和统一保价回收，待生猪出栏时按合同协议价回收，扣除公司所垫付费用即为养殖户收益。一般而言，养殖户一头生猪大概有相对固定的毛利。另外，在病死猪方面，公司有专门的病死畜禽无害化处理中心回收；粪污方面，公司直接回收做有机肥，有效解决了养殖户环保难题。

模式特点：一是采用"三高"政策。"三高"政策指的是猪苗高、饲料高、药品高，这样一来就可以督促农户用心养猪，提高成活率，进而增加利润。但实际上，物料（饲料和药品）价格属于内部虚拟价，只是数字而已，不需要交现金，而是采取记账的形式，是为了便于利润核算而制定的，因为大宗商品、季节、品种等变化因素对物料价的影响，公司回收时会对价格进行微调，以确保养户利润。二是实行"五统一"。原因在于公司发展多年积累了丰富的经验，在养殖上形成了一套成熟的养殖管理体系和疫病防控体系，按公司要求操作可大大降低养殖风险，每个养户都有义务接受指导和培训以提高养殖水平。同时，养殖户也不会对疾病和成活率产生恐惧，因为这是养殖过程中会出现的问题，养殖户依托公司技术支持可将该类损失降到最低。

北京资源亿家集团

企业概况

北京资源亿家集团创建于 1995 年，是一个以"安全猪肉"为核心的一产、二产、三产相互融合的猪全产业链企业。在 20 多年的发展过程中，集团在全国拥有 100 多个销售网点，在大兴、固安、宁乡、湘西等地拥有多个大型的现代化农业科技产业园和一个黑猪全产业链基地。覆盖生物饲料养殖、种猪繁育、生物制药、生猪屠宰加工、食品研发生产、冷鲜猪肉连锁以及互联网+信息化软件开发等全产业领域，逐步成为以现代农业与食品产业为主导的综合型高科技企业集团。

"农户+公司"模式

养殖户使用自有资金按照一定标准建造猪舍，公司验收合格后签订代养合同，养殖户需要根据养殖规模缴纳养殖保证金，然后公司统一为养殖户垫付猪苗、饲料、兽药疫苗费用，实行"五统一"，待生猪出栏时按合同协议价回收，扣除公司所垫付费用即为养殖户收益。

全产业链基地工程

湘西黑猪全产业链基地已经在湘西武陵山全国集中扶贫开发区建设完成，包括原种场、生态猪庄、产品研发、屠宰加工、营销渠道等完善的产业化工程。这是集团最有实力沿着一带一路走出中国、走向世界的项目，也是集团聚全力创新打造的伟大事业。

（四）"农户+合作社+公司"经营模式

"农户+合作社+公司"经营模式的一个重要环节是合作社，合作社可以实现养殖户与国家级农业龙头企业的高效对接，组织合作社员或农户以众筹形式租赁牧场，按"六统一"（统一苗猪、统一供饲料、统一疫病防治、统一出栏标准、统一商品猪收购、统一环境卫生饲养操作规程）提供服务管理，投资农户享受固定回报与一定比例的牧场运营利润分红。

浙江青莲食品股份有限公司

企业概况

浙江青莲食品股份有限公司是一家融生物基因、良种繁育、饲料加工、生态养殖、屠宰生产、冷链物流、肉制品加工、餐饮连锁、文化旅游等于一体的农业产业化国家重点龙头企业。公司年屠宰加工生猪能力 400 多万头，在长三角核心区域拥有连锁门店 1000 余家，市场占有率居江浙沪地区前列。

"农户+合作社+公司"的经营模式

成立生猪专业合作社，采取"农户+合作社+公司"的经营模式，实现养殖户与国家级农业龙头企业的高效对接，组织合作社员或农户以众筹形式租赁牧场，由青莲食品按"六统一"提供服务管理，投资农户享受固定回报与一定比例的牧场运营利润分红。采用生猪"优质优价"采购模式，使参与产业化经营的农民从养殖业中获利，在确保生猪质量的同时提高养殖效益。

实施品牌战略，提升全产业链效率

2010 年，该企业将主打品牌"膳博士"定位于"美味猪肉专家"，开展优质新品种选育和杂交研究，形成青莲黑猪、青莲花猪等杂交组合。建立生猪基地直供的数据平台，配套修建冷藏库和冷冻库，配备 24 小时实时监控的全程冷链配送，实现从养殖基地直供的无缝储运和产业链资源整合。同时，该企业对线下门店进行信息化改造，打造"线下引流、线上建群，线上下单、线下提货"的综合销售模式，单店销售额增加 50% 以上。

（五）"农户+基地+公司"经营模式

"农户+基地+公司"模式主要采用两点式饲养模式，将种猪繁育区和育肥区分离，核心群种猪全部由公司饲养，商品育肥猪由农户饲养。此经营模式坚持公司+基地带农户"五统一"紧密合作模式，统一向农户提供优质黑猪种猪和商品育肥仔猪，统一提供优质饲料，统一提供兽药和疫苗，统一技术指导，统一收购结算。

吉林精气神有机农业股份有限公司

企业概况

吉林精气神有机农业股份有限公司成立于1991年，总部设在吉林长春经济技术开发区兴隆山，建筑面积5 048m²，现有员工1 037人，公司所属猪场7个、合作生猪屠宰线1条、肉制品加工和饲料加工厂各一个。公司内设企业研发中心，负责企业科技创新和新产品研发，主营业务是带户养殖优质生猪、生猪屠宰加工和肉制品加工，将濒临灭绝的地方黑猪开发出优质产品推向市场。主要以北京黑猪为基础培育出优质黑猪新品种"吉神黑猪"，是第一家在全球范围内全面应用智慧养殖模式的民营企业。

"农户+基地+公司"的生猪产业化经营体系

公司主要采用两点式饲养模式，现拥有山黑猪优质种猪，能够满足紧密合作的养殖户对种猪的需求。精气神始终坚持公司+基地带农户"五统一"紧密合作模式，2016年企业直接、间接带动农户2 130户，出栏山黑猪商品猪10万头，通过饲养山黑猪使农户增收致富，并形成了较为成熟的公司+基地带农户的生猪产业化经营体系，同时公司为农户进行资金贷款担保，有效地解决了农民养猪"缺资金，少技术，怕疫病，愁销路"等难题。

产业布局智慧养殖和电商销售

2018年获得京东集团战略股权投资，引入京东农牧智慧养殖管理系统，成为京东集团参股和重点技术支持的优秀互联网农业企业。传统商超渠道销量持续增长，并且积极响应中央提出的"互联网+"的发展战略，致力于将传统农业企业转型为现代物联网农业企业。

（六）"专业户+基地+公司+连锁店"经营模式

"专业户+基地+公司+连锁店"运营模式的建立，实现了育种、养殖、屠宰、配送和销售的一体化管理。此经营模式注重生猪育种，提倡自主研发，掌握核心技术，发展基础扎实。同时自建养殖基地（或与专业户合作），自备运输服务，自有销售终端，能够保障猪肉供应、稳定销售价格，避免国内猪周期对生猪生产和销售的影响。从整个产业链运营情况看，此经营模式完成了对生猪和猪肉供应的有效监控，保证了猪肉质量安全，实现了产品全程可追溯。

广东壹号食品股份有限公司

企业概况

广东壹号食品股份有限公司成立于 2004 年，是以"壹号土猪"为主导品牌，融育种研发、养殖生产、鲜肉销售于一体的新型农业企业。"壹号土猪"品牌自 2007 年上市以来，畅销珠三角、长三角和京津等主要经济发达地区，形成"上京下海拓疆土"战略布局，该公司是通过拓展下游市场销售终端拉动上游地方猪保护与开发的最成功企业之一。

"专业户+基地+公司+连锁店"运营模式

"专业户+基地+公司+连锁店"运营模式的建立，使"壹号土猪"实现了育种、养殖、屠宰、配送和销售的一体化管理。具体而言，"壹号土猪"注重市场开发，提倡自主研发，掌握核心技术，发展基础扎实。同时，其自建养殖基地，自备运输服务，自有销售终端，能够保障猪肉供应、稳定销售价格。

另辟蹊径，走差异化的发展之路

广东壹号土猪察觉到居民畜产品消费升级和分级的趋势，另辟蹊径全力做"土"文章，走差异化的发展之路。先后打造"壹号土猪""壹号土鸡"和"壹号土鸡蛋"等产品，并取得了很好的市场效益。据消费数据显示，尽管壹号土猪肉的销售价格高于普通猪肉，但销售额可占同商超的 60% 左右。

三、中国黑猪养殖成本收益分析

将典型模式的成本收益进行对比发现，"农户+公司"模式净收入为 782 元/头，"农户+合作社"和传统农户分散养殖净收入分别为 455、430 元/头，三种模式下成本几乎相同，但"农户+公司"模式出栏价格较高，所以农户收益较高。在市场行情稳定的情况下，传统模式较其他模式更能增加养殖户收益。收益稳定性方面，"农户+公司"模式下，公司代养模式代养户一般以赚取代养费为主，农户在一定程度上都能控制养殖风险，收益较稳定。其他模式的收益稳定性与市场价格关联紧密，稳定性较差。改变养殖户弱势地位方面，"农户+合作社"和"农户+公司"模式中更能提高养殖户的地位，在饲料的购买上，传统模式需要930元/头，"农户+公司"模式只需810元/头，可享受低于市场的购买价格。在生猪出栏价格上，传统模式的销售价格为18元/kg，"农户+公司"模式为22元/kg，高于传统散养户22%售出价格，增加了养殖户的收益。三种典型模式成本收益对比见表4。

表4 三种典型模式成本收益对比（截至 2018 年底）

		传统模式	合作社+农户	公司+农户
成本	土地费用（元/头）	8	8	8
	固定资产（元/头）	40	70	25
	仔畜投入（元/头）	280	275	320
	饲料投入（元/头）	930	900	810
成本	人工投入（元/头）	60	100	225
	水电投入（元/头）	40	8	10
	交通投入（元/头）		12	30
	环保投入（元/头）		10	15
	兽药疫苗消毒费用（元/头）	30	20	28
	折旧（元/头）			
	死亡损失（元/头）	50	50	25
	保险（元/头）	12	72	7
	其他费用（元/头）	100	100	150
收益	出栏重量（kg）	110	110	110
	出栏价格（元/kg）	18	18	22
	毛收入（元/头）	1980	1980	2420
	净收入（元/头）	430	455	782

第四章　中国黑猪产品开发情况

一、建立中国黑猪肉团体标准

2017 年中国肉类协会联合科研院所和黑猪企业共同启动了中国黑猪肉首个团体标准编写工作。之后的两年间通过检索资料、公开征求意见并经过多方面沟通确认，于 2019 年第一季度编制完成了标准送审稿《中国黑猪肉》团体标准。该团体标准重新定义了"中国黑猪肉"的概念，规范了黑猪肉产品生产过程与质量指标、标识和追溯的要求。

该标准定义"中国黑猪肉"是指按照相关规定屠宰以黑色毛发为主，个体祖代包含在《中国畜禽遗传资源志　猪志》的中国地方品种或培育品种及农业农村部确定的国家级畜禽遗传资源保护品种中的生猪获得的猪肉。

新标准也对黑猪的猪种、繁育、养殖、屠宰加工、标识和追溯环节提出了相关要求。其中国优质黑猪肉应符合 GB 2707《食品安全国家标准 鲜（冻）畜、禽产品》等国家食品安全标准要求，并按表 5 中品质指标进行评价。

表 5　中国黑猪肉品质指标

指标	判定标准	评价/检测方法
肉色	鲜红色、光泽好	NY/T 1759
大理石纹	微丰富或以上、有肉眼可见肌内脂肪	目测
肌内脂肪（%）	≥ 3	GB 5009.6
剪切力（N）	≤ 45	NY/T 2793
汁液流失（%）	≤ 2.5	NY/T 2793

该团体标准的制定为国内黑猪产业发展提供了基础。该标准的实施将有助于规范相关企业的生产经营活动，对黑猪产业的健康发展具有重要引导意义。通过启动这一团体标准标识制度，加大宣传力度，能够向消费者广泛宣传生猪肉生产经营者

中的优秀企业及优质产品，让消费者主动选择真正优质产品，以标准规范产品生产，以市场倒逼产品质量提升，从而提升黑猪肉产业市场供应质量。

二 中国黑猪肉品质评价体系已经起步

随着人民生活水平的提高和食品科学的发展，仅仅限于猪肉质量品质的研究已经无法满足现代猪肉业与食品生产的需要，消费者对于猪肉适口性的要求已经成为新的研究热点。猪肉的适口性可以通过感官指标中的风味评价指标来体现，包括嫩度、风味、多汁性等。这是一个与猪肉消费接受度密切相关的指标，也是猪肉品质最直接测定的指标。消费者对于猪肉风味的满意度将直接关系到猪肉产品的经济价值。因此，风味评价对于猪肉品质的评价是不可或缺的，也是对猪肉品质评价体系最有利的补充。

（一）中国黑猪产品品质评价体系理论依据

中国黑猪肉品质评价体系应至少包括营养品质、感官品质和风味品质。黑猪肉的营养评价一般包括蛋白质、灰分、脂肪酸、氨基酸、肌酐、次黄嘌呤含量等指标。感官评价是对黑猪肉的颜色、外观、风味、多汁性、嫩度等进行综合评价。肉类的复杂风味体系都是由具有滋味和香味活性的成分组成的。尽管肉类食品的滋味活性成分一般都是非挥发性的，但它们的香味活性成分实际上都是挥发性的。消费者接受还是拒绝一种食品基本取决于它的风味，而且首先是其香味。食品香气是构成食品风味的重要因素之一，食品风味的好坏在很大程度上取决于食品的香气。

猪肉风味评价就是借助人或机器的味觉、嗅觉等感觉系统，利用科学客观的方法，并结合心理、生理、物理、化学及统计学等学科，对猪肉的风味进行定性、定量的评价与分析，了解人们对猪肉产品的感受或喜欢程度，并测知猪肉本身质量的特性。人们对猪肉总体的风味评价主要来自两方面：其一是由猪肉非挥发性呈味物质刺激舌面味觉神经末梢产生滋味或异味感觉，主要有鲜味、咸味、甜味、酸味和苦味，猪肉中产生这些滋味主要有肌浆核苷酸、游离氨基酸和肽类。人类口腔感知的猪肉味是上述滋味物质对舌味蕾刺激的总效应。其二是猪肉挥发性呈味物质刺激鼻腔嗅觉神经末梢产生香味或膻气感觉。猪肉的香味来自挥发性呈味物质对感官的刺激。猪肉中的可鉴定挥发性物质的主要成分为碳氢化合物、醛、酮、醇、酯、呋喃、吡嗪、硫化物等。所以猪肉的特征风味是挥发性与非挥发性化合物共同作用的结果。猪肉的风味受品种、年龄、性别、解剖部位、饲养工艺、饲料原料与配方、屠宰加工工艺和烹饪条件等因素影响。黑猪肉风味品质好坏的鉴定，是通过对关键风味物质进行识别，然后把风味物质根据属性分类，建立关键风味物质与风味属性的关联，最终确定黑猪肉风味品质的指标。

（二）中国黑猪肉品质评价实践

开展黑猪肉品质评价目的是对比分析普通商品猪肉（杜长大）与黑猪肉的常规肉品质、营养成分及脂质组成，全面评价黑猪肉营养品质，建立猪肉营养特征指纹图谱基础数据，为猪肉营养品质评价体系的构建奠定基础。

（1）整体评价

与普通猪肉相比，黑猪肉肉色鲜红，剪切力低，口感较好；黑猪肉中缬氨酸、蛋氨酸、亮氨酸、异亮氨酸和苯丙氨酸含量存在差异，可能是黑猪肉特征风味形成的潜在前体物质。

与普通猪肉相比，黑猪肉脂质指纹图谱明显不同，其中，甘油三酯、磷酯酰胆碱、磷酯酰乙醇胺和溶血性磷酯酰胆碱含量存在显著差异，甘油三酯含量明显升高，是黑猪肉口感风味更佳的关键。

（2）肉品质比较

由表6可知，与普通猪肉相比，黑猪肉的 pH 值略高，滴水损失较低。除 BL-3 外，黑猪肉的明度系数（L^*）、红度值（a^*）、黄度值（b^*）和剪切力均低于普通猪肉。由表7可知，黑猪肉的硬度值均低于普通猪肉。

（3）营养成分比较

由表8可知，黑猪肉（以沂蒙黑猪为例）中矿物质含量较三元猪丰富，其中铁、锌、硒含量显著高于"杜长大"三元猪（$P<0.05$），钙的含量黑猪肉与三元猪差异不显著（$P>0.05$）。由表9可知，黑猪肉中粗蛋白含量低于普通猪肉；黑猪肉与普通猪肉中缬氨酸、蛋氨酸、亮氨酸、异亮氨酸和苯丙氨酸含量存在差异，可能是黑猪肉特征风味形成的潜在前体物质。

表6 普通猪肉与黑猪肉的肉品质特性

项目	DLY	BL-1	BL-2	BL-3	BL-4	BL-5	BL-6
pH 值	5.4±0.12a	5.7±0.25b	5.64±0.16ab	5.66±0.17ab	5.56±0.13ab	5.6±0.34ab	5.7±0.10b
L*	53.8±1.95c	50.71±1.6bc	48.79±1.5ab	44.14±0.96a	48.57±1.47ab	50.44±1.54abc	46.54±1.86ab
a*	8.36±0.91b	7.58±0.38ab	5.57±0.71a	17.11±0.99c	8.09±0.82b	8.24±0.29b	7.58±0.33ab
b*	7.23±0.72cd	6.73±0.38bcd	4.56±0.56a	8.27±0.57d	5.95±0.63abc	5.76±0.48abc	5.33±0.51ab
滴水损失（%）	2.42±0.30	2.25±0.20	2.16±0.22	2.21±0.9	1.72±0.15	2.07±0.31	1.42±0.15
蒸煮损失（%）	28.48±5.37b	26.52±2.46ab	28.35±2.11b	23.2±3.46a	26.43±3.09ab	25.66±4.87ab	28.08±1.27ab
剪切力（N）	64.53±9.61b	34.32±2.99a	48.37±5.38a	65.32±5.21b	45.8±3.16a	43.53±6.82a	46.59±1.22a

注：1. 同行中不同字母表示差异显著。下同。

2. DLY，普通猪肉；BL-1，品牌黑猪肉-1；BL-2，品牌黑猪肉-2；BL-3，品牌黑猪肉-3；BL-4，品牌黑猪肉-4；BL-5，品牌黑猪肉-5；BL-6，品牌黑猪肉-6。下同。

表7 普通猪肉与黑猪肉质构剖面分析

项目	DLY	BL-1	BL-2	BL-3	BL-4	BL-5	BL-6
硬度（N）	112.61±3.95b	86.4±3.59a	97.41±8.04ab	106.88±10.14b	104.72±4.25ab	94.12±3.59ab	109.68±4.54b
弹性	0.48±0.02	0.47±0.01	0.47±0.02	0.47±0.01	0.48±0.02	0.46±0.01	0.49±0.01
凝聚性	0.5±0.02a	0.47±0.01a	0.51±0.02a	0.56±0.02b	0.51±0.02a	0.51±0.02a	0.51±0.01a
黏着性	5 743.9±387.08b	4 139.64±262.29a	5 098.85±506.31ab	6 087.18±463.07b	5 451.08±395.57b	4 880.48±329.97a	5 752.59±311.5b
咀嚼性	2 795.6±277.55b	1 943.51±130.25a	2 417.33±255.23ab	2 851.28±250.48b	2 633.7±243.28b	2 243.76±139.34ab	2 852.07±158.26b
回复性	0.15±0.01a	0.14±0.01a	0.15±0.01a	0.2±0.01b	0.15±0.01a	0.15±0.01a	0.15±0a

表8 沂蒙黑猪和普通猪肉背最长肌中矿物质元素含量　　　　　　（μg/g）

项目	沂蒙黑猪	三元猪
铁	23.16±2.83a	9.67±1.75b
锌	17.1±0.36a	13.32±0.29b
钙	56.4±6.26	55.5±5.69
硒	28.51±4.12a	23.51±3.19b

注：同行数据小写字母不同者表示差异显著（$P<0.05$）。

表9　普通猪肉与黑猪肉中粗蛋白和氨基酸含量（以鲜肉重计）　　　　（%）

项目	DLY	BL-1	BL-2	BL-3	BL-4	BL-5	BL-6
粗蛋白	31.44±1.16ab	32.15±1.08b	31.58±1.10ab	29.07±0.52a	29.42±0.53ab	28.68±0.82a	30.12±0.7ab
天冬氨酸	2.16±0.12	2.26±0.14	2.22±0.28	1.74±0.15	2.11±0.16	1.94±0.04	2.24±1.45
苏氨酸	1.04±0.06	1.08±0.06	1.08±0.13	0.84±0.07	1.03±0.08	0.93±0.02	1.08±0.06
丝氨酸	0.90±0.05	0.93±0.06	0.94±0.12	0.72±0.06	0.89±0.08	0.82±0.01	0.94±0.06
谷氨酸	3.47±0.23	3.43±0.20	3.63±0.43	2.83±0.19	3.45±0.24	2.98±0.10	3.63±0.24
脯氨酸	0.87±0.10	0.88±0.07	0.97±0.14	0.70±0.06	0.96±0.08	0.76±0.02	1.00±0.11
甘氨酸	0.98±0.07	1.00±0.06	0.94±0.10	0.76±0.07	0.88±0.06	0.83±0.00	0.95±0.06
丙氨酸	1.28±0.08	1.36±0.08	1.36±0.16	1.09±0.07	1.32±0.08	1.15±0.04	1.34±0.09
胱氨酸	0.27±0.02ab	0.29±0.02ab	0.27±0.03ab	0.23±0.01a	0.28±0.02ab	0.24±0.01ab	0.30±0.02b
缬氨酸	1.16±0.06ab	1.22±0.07ab	1.17±0.13ab	0.94±0.07a	1.14±0.06ab	1.01±0.03ab	1.23±0.08b
蛋氨酸	0.76±0.04ab	0.80±0.05b	0.74±0.07ab	0.60±0.04a	0.75±0.06ab	0.68±0.02ab	0.80±0.04b
异亮氨酸	1.08±0.06ab	1.14±0.07ab	1.15±0.11ab	0.90±0.06a	1.07±0.08ab	1.00±0.01ab	1.17±0.08b
亮氨酸	1.89±0.10	1.98±0.13	1.99±0.21	1.60±0.12	1.88±0.14	1.71±0.03	2.04±0.15
酪氨酸	0.71±0.03ab	0.76±0.03ab	0.78±0.07ab	0.64±0.04a	0.71±0.03ab	0.67±0.02ab	0.79±0.05b
苯丙氨酸	0.92±0.06ab	0.95±0.06ab	0.97±0.10ab	0.77±0.05a	0.91±0.06ab	0.81±0.02ab	0.95±0.07b
组氨酸	1.05±0.06	1.13±0.08	1.14±0.14	0.85±0.10	1.06±0.09	0.99±0.04	1.12±0.06
赖氨酸	2.14±0.13ab	2.19±0.14ab	2.19±0.28ab	1.66±0.16a	2.11±0.15ab	1.93±0.02ab	2.27±0.16b
精氨酸	1.39±0.08ab	1.45±0.08ab	1.46±0.18b	1.09±0.09a	1.37±0.01ab	1.22±0.05ab	1.48±0.09b

（4）脂质组成比较

对普通猪肉和黑猪肉脂质组成数据进行分析，如图3所示，两者在主成分分析和判别分析均有明显的区分，说明黑猪肉和普通猪肉脂质指纹图谱有较大差异。其中，主要体现在甘油三酯、磷脂酰胆碱、磷脂酰乙醇胺和溶血性磷脂酰胆碱这些大类脂质分子。黑猪肉中甘油三酯含量较普通猪肉高，是黑猪肉口感风味更佳的关键前体物质。

利用基于质谱的脂质组学技术，对普通猪肉和黑猪肉脂质组成进行分析，结果如图 2 所示，正离子模式下，猪肉中共鉴定到 468 种脂质分子，脂质分子主要种类占比依次为：磷脂酰胆碱（phosphatidylcholine，PC，43%）＞甘油三酯（triglyceride，TG，16%）＞鞘磷脂（sphingomyelin，SM，14%）＞磷脂酰乙醇胺（phosphatidylethanolamine，PE，11%）。

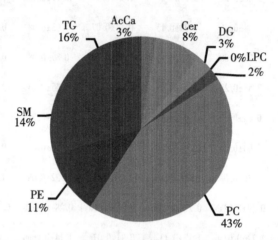

图 2 质谱正离子模式下检测到猪肉中脂质分子种类比例

注：PC，磷脂酰胆碱；PE，磷脂酰乙醇胺；SM，鞘磷脂；TG，甘油三酯；AcCa，酰基肉碱；Cer，神经酰胺；DG，二酰基甘油；LPC，溶血性磷脂酰胆碱。下同。

（5）感官评价

由感官评价员分别对颜色、外观、风味、多汁性、嫩度和综合评价进行打分。由图 4 五花肉的评价结果可发现评价员的感官评价综合得分差异较小。在风味上，黑猪肉整体评分较高，白猪肉评分最低；在五花肉的多汁性评分上，白猪肉评分较低。白猪五花肉的部分指标并不差于黑猪五花肉的评分，但是在风味评分中可以发现白猪的评分明显低于黑猪肉的评分。白猪排骨在颜色和综合评分上与黑猪排骨评分差距不大，但风味、多汁性和嫩度方面低于黑猪评分，这三个评价指标是影响排骨食用口感的关键指标。

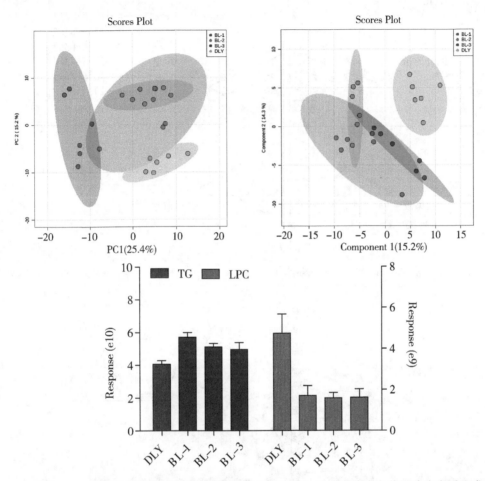

图3 （a）黑猪肉和普通猪肉脂质组成主成分分析，（b）黑猪肉和普通猪肉脂质组成判别分析，（c）黑猪肉和普通猪肉差异较大的两种脂类

注：主成分分析和判别分析显示黑猪肉和普通猪肉脂质组成存在较大差异，黑猪肉中甘油三酯含量较高。

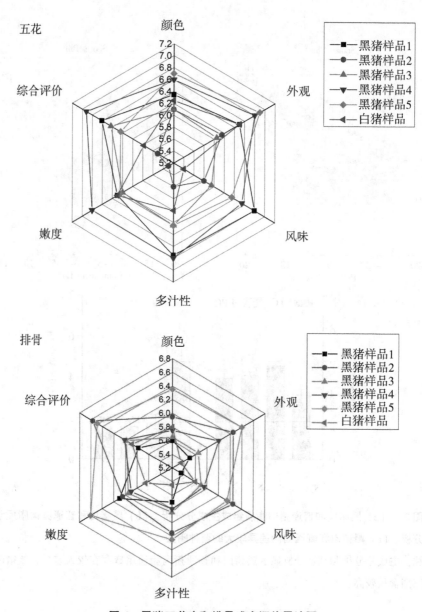

图4 黑猪五花肉和排骨感官评价雷达图

第五章　中国黑猪品牌培育情况

一、中国黑猪开发利用方式

（一）中国黑猪种质资源开发利用

我国地方猪种质资源丰富，根据 2007 年的数据显示中国地方猪种有 114 个，约占全球现有猪种资源的 1/3。同时我国生猪驯养历史悠久，在不同地理位置、气候条件、耕作方式等条件下，驯养培育出一系列我国特有的地方猪种，形成了适应性强、抗病抗逆性强、繁殖力高、耐粗饲、肉质鲜美优良等特点。根据历史记载，早在公元 1—4 世纪古罗马时期，中国的广东猪就被引入地中海地区，为改良他们肉质差的当地猪；18—19 世纪，我国两头乌等地方品种被引入欧洲，逐步形成了对当今世界影响较大的巴克夏、大约克夏等猪种；20 世纪 80 年代，我国的太湖猪以其繁殖力强再次引起法国、英国、美国、日本等国重视；法国国家农科院用梅山猪和其他猪种杂交，培育了 2 个中欧合成系嘉梅兰和太祖母，可以说我国地方猪种为世界商品猪的培育做出了巨大的贡献，其潜在商业价值不可估量。

近年来，以市场为导向，地方猪遗传资源开发利用步伐加快，满足了多元化的消费需求，逐步实现了资源优势向经济优势的转化。目前已有多种含地方猪种血液的新品种及配套系相继问世。如新荣昌猪 I 系、苏太猪、鲁莱黑猪等，即是以荣昌猪、太湖猪和莱芜猪为育种素材分别导入了丹麦长白猪、杜洛克猪和大约克夏猪血液选育而成。

当前我国黑猪品种主要有以下几种利用方式。

1. 选育新品系及配套系

为了能更好地将优良的黑猪种资源应用于生产中，我国猪育种专家以地方黑猪种为基础，引入不同比例的外来猪种血统，通过选育形成新品系来提高生产效率，提升市场竞争力，如两广小花猪（壹号黑猪）新品系，瘦肉型金华猪新品系等，既保留了地方黑猪种繁殖力高、抗逆性强、肉质好等性能，又改善了生长速度慢、瘦肉率低、精饲料转换能力差、饲养周期长等缺点。表 10 为我国选育的黑猪新品系。

表 10　我国选育的黑猪新品系

名称	选育素材	选育成果及进展
两广小花猪（壹号黑猪）新品系	广东小耳花猪、陆川猪	高繁殖力、肉质优良、生长性能高
瘦肉型金华猪新品系	金华猪	"两头乌"毛色、肉质好、产仔多，生长性能、饲料转化率、瘦肉率显著提高
东北花猪	民猪	适应性强、生长快、饲料利用率高，与长白和杜洛克杂交，后代瘦肉率高
大河猪新品系	大河猪	肉质好、生长性能和产仔数有所提高、胴体瘦肉率提高了 9%
淮南猪新品系	淮南猪	提高日增重
太原花猪母本专门系	太原花猪	生产性能高、杂交效果好
川藏黑猪专门化母系	藏猪、梅山猪	产仔数有较大提升、体型明显变大、梅山猪凹背垂腹缺点也得以显著改善，且肉质性能优异

为了提高商品代的生产性能，我国猪育种专家利用杂种优势，将我国地方黑猪和引进猪资源结合，以数组两个或两个以上专门化品系（含父系和母系）作为亲本，通过固定的试验取得的"最优"杂交模式培育成一系列配套系。从生产性能来看，培育出的配套系与纯外三元"杜长大"也比较接近，并且其适应性也优于后者。如四川铁骑力士牧业科技有限公司和四川农业大学等单位利用三大外种猪品种（杜洛克、长白猪、约克夏）和梅山猪，经过近 20 年的持续选育而成的天府肉猪三元配套系，具有产肉性能高、繁殖性能较好、肉质优良的特点，并获得了由国家畜禽遗传资源委员会颁发的畜禽新品种、配套系证书。天府肉猪商品猪体型紧凑、被毛白色、背臀有暗斑，且肉质佳，主要表现在肌内脂肪含量高、瘦肉率适中，一致性好。自 1998 年以来，滇撒猪、天府肉猪、川藏黑猪已被审定为新的黑猪配套系（表 11）。

表 11　自 1998 年以来我国审定的黑猪配套系

配套系	审定时间	母系父本	母系母本	父系父本	父系母本
滇撒猪	2006	长白	撒坝猪	大白猪	—
天府肉猪	2011	长白	大白梅山合成系	杜洛克	
川藏黑猪	2014	巴克夏	藏猪梅山合成系	杜洛克	—

2. 黑猪新品种培育

培育推广含有地方黑猪血统的新猪种是黑猪遗传资源利用的又一措施。利用地方黑猪种的优良特性，本着因地制宜、适应市场需求的原则，有计划地开发利用优良黑猪遗传资源。利用地方黑猪为母本，引进猪种为父本，导入引进猪种主要用来改良黑猪的生长速度、饲料利用率、瘦肉率、屠宰率等性能，同时保留黑猪种抗逆性、肉质、繁殖力等特性，杂交培育出我国新型良种猪，为我国养猪业的可持续发展做出了一定的贡献。如精气神"吉神黑猪"是以北京黑猪为父本、以大约克夏猪为母本，培育出来的新品种。"湘村黑猪"就是以引进品种杜洛克猪为父本、湖南优良地方品种桃源黑猪为母本，经杂交合成和继代选育培育出来的新品种。1998年以来我国审定的新培育黑猪品种见表12。

表 12　自 1998 年以来我国审定的新培育黑猪品种

品种	审定时间	外来品种	地方品种
苏太猪	1999	杜洛克	太湖猪
大河乌猪	2003	杜洛克	大河猪
鲁莱黑猪	2005	大白猪	莱芜猪
豫南黑猪	2008	杜洛克	淮南猪
滇陆猪	2009	大白、长白	乌金猪、太湖猪
松辽黑猪	2010	杜洛克、长白	民猪
苏淮猪	2011	大白	新淮猪
湘村黑猪	2012	杜洛克	松源黑猪
苏姜猪	2013	杜洛克	姜曲海
吉神黑猪	2017	大约克夏	北京黑猪

3. 直接杂交利用

与外来猪相比我国地方黑猪品种生长速度慢、瘦肉率低、饲料转化率低，养殖周期较长，直接用于商品代生产，生产效率和效益不高。通过与引进的快大型猪种进行杂交，可以改良这些缺点，培育出具有肉质好优良特性的"土洋杂"，获得较好的经济效益。"莱芜黑猪"和"罗代黑猪"都是以当地特色土猪作为原种选育而出，具有肉质好、耐粗饲、繁殖力强等特点。与配套系和新品种相比，直接杂交利用门槛较低，不需要十分专业的技术支撑和资金保障，多是散户以及中小养殖企业的首选。

4. 医疗研究模型猪培育

猪是除灵长类动物外，在解剖、生理等方面与人类极其相近的物种，是人类疾病研究的理想模型。其中小型猪体型适宜，是生物医学研究中应用最为广泛的非啮齿类大型试验动物之一，而且作为异种器官移植最可能的供体，小型猪的研究和开发利用受到生物医药界的普遍关注。我国黑猪猪种体型变异大，其中小型猪如巴马香猪、五指山猪、迪庆藏猪、滇南小耳猪等成年体质量都比较小，非常适合作为动物模型应用于医学领域。目前我国研究人员以巴马香猪作为试验动物，已经成功建立了子宫内膜异位症模型和肝硬化试验动物模型。分布在湖南的沙子岭猪，因其个体缺失 env-C 基因，有利于异种移植成功，可作为异种（人）胰岛移植的重要试验猪种。

总的来讲，对地方黑猪遗传资源的开发利用已取得阶段性成果，但由于联合育种机制缺乏、政府投入不足和企业积极性不高等因素，我国地方黑猪遗传资源品质优良、繁殖力高等特色种质特性和遗传机理的开发利用不足。近一半的地方黑猪遗传资源未得到产业化开发，已开发的地方品种多停留在初级阶段，产品种类单一、产业链短、附加值低。黑猪肉特色产品鱼龙混杂，难以实现优质优价。

（二）中国黑猪肉产品开发利用

1. 中国黑猪肉产品开发利用情况

目前国内市场猪肉产品仍以白条肉为主，其市场份额占到 60%。这是由于受我国传统饮食习惯影响，热鲜肉在过去的猪肉消费中扮演着重要的角色。冷鲜肉、分割肉（带包装）和深加工产品市场份额较低，其中冷鲜肉仅为猪肉消费量的 30%，与国外发达国家 95%~97% 的比例相比仍有不小的差距。随着生活品质的提升，居民对肉食消费观念也有了很大的转变，变得多样化、风味化、健康化、低温化、优质化、便利化。一些黑猪肉品牌瞄准全国市场，大力推进冷鲜肉冷链运输技术在黑猪肉生产上的应用，将优质黑猪肉经排酸、冷却等工艺以冷鲜白条或进行分割、包装以分割气调包装肉的形式流入终端市场。

作为我国传统猪肉消费品种，地方黑猪承载了我国各地不同饮食文化的历史渊源，如著名的"金华火腿"选用传统金华本地猪"两头乌"；历史上最正宗的"回锅肉"应选用四川成华猪肉；"宣威火腿"的原料是乌蒙山当地的特有黑猪"乌蒙猪"；传统的湖南腊肉一般就地取材选用当地黑猪；两广地区的小香猪是粤菜"烤乳猪"的不二之选。当前，黑猪肉以其优质的加工性能（无 PSE 肉）被越来越多肉制品加工企业作为原材料肉进行深加工。以黑猪肉为原料做成的发酵火腿，开创了国内生食火腿的先河，且售价不菲。根据其品种及发酵时间，其一条发酵火腿销售价格从几千元到数万元不等。现在在北上广深等大型城市，冷鲜黑猪分割肉和黑猪深加工产品已成为中等收入阶层猪肉消费优选产品，而且某些黑猪肉产品采取了定制化生产模式，成为炙手可热的高端食材。大型全产业链一体化企业已经将黑猪肉作为主要原材料，研发了一系列方便食品和零食推向终端市场，这些产品也逐步发展成了一定规模，进一步推动黑猪产业精深化发展。

2. 中国黑猪肉产品开发利用方式

（1）重视销售渠道，主推黑猪肉初级产品

这种黑猪产品开发方式的公司一般已成功地从原有的自主养殖和销售转变为供应优质种猪与缔造终端消费品牌并重的商业模式。其黑猪肉产品开发方式主要是以初级产品为主（冷鲜肉、冷冻肉），消费市场主要是北京、上海、深圳等具有较高消费能力的一二线城市。

案例分析

吉林精气神的山黑猪产品主打冷鲜肉，产品已进入北京、天津、深圳、上海、福州、广州、大连、西安、杭州、苏州、成都、南京、武汉等一线城市的山姆、吉之岛、家乐福等500余家国际大型连锁商超，并通过顺丰优选、微商城、京东商城、天猫、1号店、淘宝、盈盘等B2B、B2C等主流电商平台销售其初级产品。湖南湘村肉食品厂研制的5大类30个热销产品和冷鲜肉通过进驻永辉、山姆会员店、麦德龙等高端销售渠道，同时积极拓展互联网、新零售领域，通过盒马鲜生、京东7Fresh等销售其产品。

（2）重视黑猪品牌，开发深加工产品

近年来，餐饮市场连锁化、品牌化发展趋势愈演愈烈，其对黑猪肉深加工品的需求亦日益旺盛。一些企业充分利用先进的食品加工技术，开发出香肠、腊肉、烤肉等黑猪肉深加工产品，满足不同消费偏好和消费需求。

案例分析

浙江青莲集团凭借其从黑猪全产业链优势，首创黑猪调理食材品类，充分满足餐饮及大众消费市场对营养、美味、安全食材产品的需求。青莲"膳博士"作为"长三角"的知名生鲜猪肉品牌，曾为世乒赛、互联网大会等提供优质肉品。同时"膳博士"颠覆传统腌制工艺，历经三年反复试验，打造黑猪调理食材爆款单品——"极地黑猪冰肠"。该款香肠选用上好黑猪腿肉和优质脊膘，摒弃了腊肠添加亚硝酸盐的传统做法，制作过程不添加色素，选用天然肠衣，采用低温半发酵技术，精准控制温度、湿度，自然发色，其成品肉色红润如玫瑰，脂肪剔透似冰，成品含有丰富的肌间脂肪和微量元素，食品级包装简单水煮即可食用。

(3) 开发黑猪肉高端产品，延长产品价值链

随着食物消费升级，越来越多的消费者乐意为高端食材买单。随之，很多黑猪肉高端产品应运而生。企业通过开发黑猪肉高端产品，提升了产品利润，进而延长了产品价值链，并进一步通过优质优价体系的形成促进品牌培育。

案例分析

郑州东元食品有限公司致力于打造以世界级高端发酵火腿为核心的肉制品品牌，未来将与西班牙伊比利亚高端火腿形成中西两级辉映的高端竞争。基于此发展愿景和品牌目标，郑州东元从食材原材料、生产设备、工艺团队进行强势的国际化资源整合，精选集团自养的藏香猪和三门峡雏鹰黑猪为依托，斥资上亿引进全套意大利自动化发酵火腿生产线，并构建以国家著名专家领衔的海内外工艺技术团队，为制作高端生吃火腿提供全方位的保障。东元公司可优先获得其所需食材，确保其能够保持在世界高端发酵火腿品牌的领先地位。根据原料猪种不同，雏鹰东元将其发酵火腿产品分为天籁（源自藏香猪）、天臻（三门峡黑猪）两大品类以及整腿、礼盒、切片产品三种销售形式，以满足不同客户需求。同时由于其采用发酵工艺，整条未开封火腿具有一定收藏价值，随着窖藏时间的延长，其味道更加鲜美，其价值也随之得以提升。

二、中国黑猪肉产品市场情况

从调研企业的销售情况来看，目前我国黑猪肉市场处于稳步上升期。随着消费者对猪肉安全性、口感、营养、便利性等品质要求的提高，黑猪肉市场仍有很大的发展空间。黑猪肉产品作为食物消费升级的一个品种，其价格也高于普通猪肉。市面上的黑猪肉种类多样，价格差别大，市场上每千克从几十元到几百元的黑猪肉品牌皆有销售，但多数集中于每千克 50~100 元价格区间。优质优价是黑猪产业链参与者包括终端消费者关心的一个重要问题。我国一线城市居民猪肉消费调查结果显

示，60%居民乐意接受比普通猪肉溢价 10%～30% 的优质猪肉产品。根据市场调查的结果，约 65% 的家庭乐意每月多花 100 元以上购买优质猪肉产品，表明多数老百姓有猪肉消费升级的需求和认可黑猪肉产品。可见，猪肉消费升级和消费分级已成为一个趋势。

黑猪产品的销售是瞄准一二线城市的中高收入人群，目前主要采取专卖店销售、超市专柜、特色体验店等线下销售形式，及借助顺丰优选、微商城、京东商城、天猫等线上电商平台（图 5）。随着冷链技术的发展和消费市场的区分，未来黑猪产品的销售方式也将会随之改变。黑猪肉的出现大大改变了猪肉消费市场的营销渠道。与普通猪肉单一的摊位销售方式相比，黑猪肉采用多渠道营销方式，扩展了消费半径。一方面，积极做通线下销售渠道，通过在大型商超、农贸市场、大型社区建立生鲜专柜等方式，直接面对顾客，塑造品牌形象。另一方面，开拓线上销售渠道，利用电商平台或成立自主电子商务公司，努力拓展销售半径和途径。根据市场调查结果显示，已有约 10% 的居民会选择在网上购买黑猪肉。目前，猪肉产品销售呈现线上线下一体化经营，互联网成为黑猪肉产品销售的新力军。部分黑猪企业销售情况见附件 3。

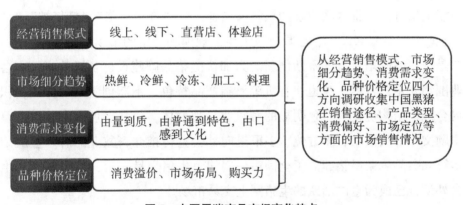

图5 中国黑猪产品市场变化特点

《2017 年中国居民消费发展报告》指出，我国城乡居民恩格尔系数为 29.3%，其中城镇为 28.6%，农村为 31.2%。按照联合国标准，城镇居民已经步入富足阶段。从消费模式相似的典型地区变化规律来看，当恩格尔系数处于 20%～40% 的发展阶段，人均动物产品消费量均不断增加，其中黑猪肉产品增长较快。我们对黑猪肉消费调查数据显示，一线城市家庭每月黑猪肉消费约 190 元，约占家庭月猪肉花费的 1/3。未来，随着我国经济发展和居民收入水平的持续提高，我国城乡居民恩格尔系数不断减低，黑猪肉消费需求将有更大空间。新中国成立以来，在政府各项政策的推动下，我国生猪生产和消费从稀缺性消费发展到平衡性消费，近年来发展到注重质量安全性消费。随着居民收入水平的进一步提高、消费偏好的变化，食物消费出现需求分级的趋势也逐步凸显。同时，我国中高收入群体所占比重越来越大，居民猪肉消费不仅限于用来满足动物蛋白和脂肪的基本需求，对于高品质猪肉以及各种特色猪肉的需求也与日俱增，这推动着我国猪肉产业发展态势的变化。未来猪肉市场将出现从同质化到差异化、优质化发展的新趋势，其主要表现在普通商品规模生猪养殖和特色生猪养殖共存，对质量安全水平更高、品质（香味、口感等）更高、同时较高销售价格的高端猪肉产品需求增加。

三、中国黑猪品牌培育情况

从调研省份来看，各地在黑猪品牌培育方面做了大量工作，卓有成效。

一是全国性和区域性黑猪品牌不断涌现。近年来，黑猪品牌发展势头较好，涌现出一批全国知名品牌。2017年，中国百强农产品区域公用品牌名单中有20%为畜牧业品牌，其中金华两头乌猪、宁都黄鸡、文昌鸡、宁乡花猪中两个黑猪品牌上榜。市场上培育出一批家喻户晓的黑猪肉品牌，像"壹号土猪""精气神""湘村黑猪""膳博士"等知名品牌，已具有较大生产规模和一定的市场占有率。

二是黑猪品牌培育方式不断创新。为加快黑猪品牌建设，各级政府、协会和相关企业围绕安全、营养、味道、有机等黑猪产品特色，不断创新培育方式，积极打造布局合理、结构优化、特色明显的畜牧业品牌群体，依托会展平台，举办系列畜牧业主题文化节庆活动，多方位、多渠道向社会宣传推介畜牧业品牌。重庆荣昌区依托传统知名品牌荣昌猪建立了全国第一家线上生猪交易平台，实现80%的生猪线上平台外调，已成为全国活跃的生猪网上交易市场。

三是黑猪品牌建设推动产业不断升级。黑猪品牌化提高了供给体系的质量和效率，促进产业向中高端迈进。从企业来看，广东壹号食品围绕"壹号土猪"这个大品牌做文章，以屠宰和肉制品为核心产业，形成集养殖、屠宰、肉制品加工、物流配送等为一体的产业链。"狠土狠香""屠夫学校"等品牌形象深入人心。"壹号土猪"品牌自2007年上市以来，畅销珠三角、长三角和京津等主要经济发达地区，形成"上京下海拓疆土"战略布局。截至2018年初，"壹号土猪"进驻全国32个地级市，有1 600个专卖店（专柜），完成国内南、北、东、西主要城市布局。2018年"壹号土猪"出栏50万头，营收15亿元。该企业是通过拓展下游市场销售终端拉动上游地方猪保护与开发的较成功企业。

　　中国黑猪品牌培育初见成效，但仍面临诸多困难。一是黑猪品牌的规模还较小。尽管中国黑猪已经培育一批知名黑猪品种，一些黑猪品牌在市场上取得了不错的成绩，也逐渐被消费者接受。但总的来说，我国知名黑猪品牌的数量还很少，黑猪品牌的规模也较小，市场占比不大。二是黑猪品牌竞争力有待提高。我国黑猪品牌整体竞争力不高，除了少部分知名品牌外，多数品牌影响力还仅限局部地域内，跨省跨区域的品牌不多，国际知名品牌更少。这主要是因为小规模养殖户众多，没有规模就无法生产统一质量标准、统一标识的黑猪产品，难以满足稳定和扩大生产的需要，市场占有率不高。三是黑猪企业品牌意识缺乏。不少黑猪企业经营者缺乏品牌意识，对品牌建设存在认识误区。表现在：对品牌建设重要意义的认识不足，很多畜牧业经营者认为有商标就是有品牌，重生产、轻品牌；品牌建设和传播方式比较单一，忽略了消费者诉求和接受程度，与消费者多元化、个性化需求有一定差距。

第六章 国外经验借鉴及启示

一、德国黑猪产业发展经验借鉴及启示

(一) 德国地方黑猪遗传资源情况

目前德国猪遗传资源志（2017版）中记录的地方猪种有莱考马猪（Leicoma）、本特海姆花斑猪（Bunte Bentheimer）、德意志乡猪（Deutsche Landrasse）、德国大白猪（Deutsches Edelschwein）、马鞍猪等五个品种。包括 4 个类群：昂格勒马鞍猪（Angler Sattelschwein）、施瓦本哈尔猪（Schwaebisch-Haellisches Landschwein）、德国马鞍猪（Deutsches Sattelschwein）和红斑昂格勒马鞍猪（Rotbuntes Husumer Schwein）。其中本特海姆花斑猪和马鞍猪被毛为黑白相间。

(二) 德国地方黑猪遗传资源保护利用与管理

德国对畜禽（猪）品种保护工作非常重视，除按照联合国粮农组织的要求在欧盟的法律框架内执行畜禽（猪）遗传资源保护工作，对濒危畜禽（猪）品种投入大量资金进行保护，并在国家层面制订并实施了相关方案。早在 1979 年，德国动物科学、动物育种管理和农业方面已经开始关注动物遗传资源保护和可持续利用发展等方面的问题。为从根本上解决这一问题，德国动物育种学会成立了一个动物遗传多样性保护委员会。该委员会制定了保护濒危畜禽品种的技术要求，并将其传达给德国动物养殖、农业和其他相关领域的关键决策者。同时在德国所有与畜牧业相关的组织和机构的参与下，德国动物育种学会编制了"动物遗传资源保护和可持续利用方案"，其中制定了主题基础以及详细实际的具体实施要求。

德国民间也于 1981 年成立"德国古老及濒危畜禽品种保护协会（GEH）"，来自民间行业内从业人员、管理人员等纷纷加入，一时间组织成员数超过 2 000。该组织成立的目的在于呼吁社会各界重视德国地方畜禽资源的保护，同时提倡多途径开

发利用。为了进一步保障国内猪遗传资源保护工作顺利进行，由联邦政府农业部牵头，下属管理机构、研究机构、生物多样化协会、育种企业、农户和民间协会共同协作，构建了一套完整的管理机制。每年联邦政府根据各方数据材料，制定相应保护管理及补贴政策，公布品种遗传资源信息和品种保护红色名录；各联邦州农业厅负责原产地保护，制定并落实相应保护措施和补贴额度，同时为参加地方猪遗传资源保护的农户给予合适的资金补贴；生物多样性协会和科研机构主要负责品种资源评估以及基因数据库的建立；育种企业和农户负责实地生产和开发利用；民间协会通过走访其会员单位观测和收集数据。机制内各级机构职责明确，相互分工合作，成效明显。

（三）德国地方黑猪品种保护措施

1. 国内地方猪种群监测

德国政府建立了一个完整且即时的数据库。该数据库中详细记录了各地方猪品种，同时全面掌握了猪品种的存栏变化，根据各地方猪种存栏数不同，由少到多进行分级，分为表型特征保种群（PERH、濒危）、保种群（ERH、易危）、需监测种群（BEO、低危）及无危（NG）。种群数量每两年公布一次，为保护工作和开发利用提供第一手资料。数据库还清晰地记录了地方猪种群系谱，为育种提供了重要依据，同时还避免了地方猪种群杂交利用时近亲交配。

2. 原产地保护（保种群保种计划）

对于保种群德国政府多采用原产地保护的方式进行保种。并且作为地方猪种群保护工作的主要目的之一，原产地保种也被国际协议明确确定的。在制定育种保种目标及规则时，德国育种协会全方面考量各种条件因素，如保种成功实施所具备的经济条件等。地方猪种群原产地保种成功实施的一个重要工具就是收益优势。此外，对于这些地方猪种还加大了宣传力度，并鼓励用创新技术和营销概念来保障其产品开发。

3. 建立德国地方猪种基因库

2016 年 1 月 1 日，德国联邦政府建立了地方畜禽基因库，留存了国内所有地方畜禽种群的遗传基因（采取冷冻保存 25 份精液），为日后利用做好准备。根据 2017 年联邦统计数据可知，除莱考马猪外（易危），其他地方猪种整体情况都得到了很大程度的恢复，种群数量都处于低危状态，需要时刻监控。

（四）德国地方黑猪遗传资源开发和利用

"市场才是最好的保种地。"这句话经常被德国畜禽保种专家和地方猪种育种企业和农户挂在口头。他们认为德国地方黑猪作为德国传统食物曾在德国居民餐桌上占据主位。近50年由于德国居民饮食习惯的改变，人民对于肥猪需求量减少而导致德国地方黑猪慢慢退出了历史舞台，有些黑猪品种已经灭绝或濒临灭绝。对于这些种群最好的保种方式应该是推向市场，而并非是作为"宠物"进行观赏或"冷冻"起来。

"施瓦本哈尔猪的成功案例"就为国际上其他黑猪种群保种提供了经验。"施瓦本哈尔猪"起源于中国金华猪，毛色以中间白，两头黑为基本特征。1820年从中国引入德国，在本土繁育，曾成为德国南部地区重要的肉猪品种，但在1984年，德国官方认定施瓦本哈尔猪已经灭绝。所幸，一群农户还保留了20余头该品种猪，这20余头施瓦本哈尔猪也就构成了保种基础种群，1986年施瓦本哈尔猪育种协会正式成立，宣告着这一猪种重获"一席之位"。但这还远远不够，和普通商品猪相比，当时施瓦本哈尔猪毫无竞争力。于是，为了让这一地方黑猪品种重获生机，1988年当地农户联合成立了合作社，打造"施瓦本哈尔猪"品牌，建立一个属于该品牌市场，并制定市场规则。

该合作社针对于"施瓦本哈尔猪"，在养殖、屠宰、加工的标准基础上进行了提升，制定了更高水平的行业标准，如饲养过程中不添加抗生素和促生长药剂、动物福利、养殖区域界定等。同时明确地制定了育种目标，针对种猪以及其商品建立系统性市场。此外，还规定其屠宰必须在当地屠宰企业进行，同时对其胴体质量进行测量，如pH值、导电性、肉色和肉纤维等。结合该猪肉特性制定相应的生产工艺流程，制造出更适合终端市场的优质猪肉。

"优质猪肉来源于严格把控的生产工艺"一经提出就直接吸引了消费者的眼球。超市和柜台上出现的PSE肉，急需一种高品质猪肉来替代或填补市场空白。"施瓦本哈尔优质猪肉"就凭借这一契机进入市场。1998年，它被欧盟授予地理标志。直至今日，经过各方30多年的努力，施瓦本哈尔猪种群再次恢复繁荣，这一黑猪品种以其优良的猪肉品质为当地农户带来了巨大商机。现在该地区年屠宰量已达8万头，但总体仍供不应求。

为鼓励和刺激养殖农户（社员），合作社与其建立了利益连接机制，农户占有合作社的股份，合作社同农户签订合同，用高于市场价的价格收购其饲养的商品猪，然后进行屠宰加工生产其品牌猪肉产品，其白条售价高于普通商品白条30%~100%。其一体化经营模式，提高了黑猪产业价值链总体经济效益。同时，纵向一体化的生产模式有利于质量安全可追溯体系的建立，保证了该地方黑猪种高效、优质、安全、环保的健康养殖和产业长远、可持续发展。

在全德范围建立了自己的营销网络,进行直销、供应高端消费市场(如四星级以上酒店和高档餐厅)以及提供给高端消费客户(如国会议员、大型公司高管层)。其独特的营销渠道,保证了产品的优质优价。

二、西班牙黑猪产业发展经验借鉴及启示

(一)西班牙地方猪品种情况

为了更好地保护生猪遗传资源多样性,世界上很多国家都在探索开发和利用本国地方猪种质资源。西班牙政府积极响应世界粮农组织在欧盟的法律框架内开展了本国畜禽(猪)遗传资源搜寻和保护工作。官方数据显示,西班牙现有地方猪品种9种,分别为 Celta、Chato Murciano、Euskal Txerria、Gochu Asturcelta、Ibérico(Variedad Lampino)、Ibérico(Variedad Manchado De Jabugo)、Ibérico(Variedad Torbiscal)、Negra Canaria、Negra Mallorquina。其中 Ibérico(伊比利亚)黑猪品种最为著名,西班牙政府对伊比利亚黑猪的开发和利用可以被认为是政府机构、生产企业和科研机构之间强有力合作最好的例子。

(二)伊比利亚黑猪遗传资源开发和利用

西班牙伊比利亚黑猪火腿以其柔软又富有弹性的口感,且带有独特橡果香气的特点俘获了诸多老饕的味蕾,被誉为"世界上最好吃的猪肉"。伊比利亚火腿具有如此高的品质,与其特殊的猪种、悉心的饲养及恰当的屠宰工艺都有着非常紧密的关系。

伊比利亚黑猪属于一个西班牙古老猪种,其起源距今5 000多年,长期在西班牙伊比利亚半岛林地牧场自由放养,以当地橡果为食,蹄为黑色或通身黑色。传统伊比利亚黑猪养殖方式为天然放养,其习性接近于野猪。同时伊比利亚黑猪具有一个非常独特的遗传特性,即它的脂肪能够更好地在肌肉纤维中沉积,正因为这样的特性,该黑猪肉肌间脂肪丰富,有着可以与顶级牛肉媲美的雪花纹理。

伊比利亚黑猪主要被加工成发酵腌制火腿和其他发酵腌制肉制品。为了更好规范市场,指导消费者,西班牙政府于2014年出台了相关皇家法令(BOE-A-2014-318),法令中规范了商品种群基因纯度、养殖地及其环境条件、喂养饲料选用原料;制定了检测、监控、协调和开发产品的方法,同时对伊比利亚黑猪胴体及其制

品的质量标准作出了规定，并且明确了产品标签标识等内容，强调了产品可追溯系统（给出了批次定义）的重要性。在这一法令基础上，西班牙政府也成立了相关监督机构，保障其公正且贯彻执行。

这一法令不仅规范了养殖、屠宰、分割、加工等工艺，同时也详细制定了配套对应的销售名称和产品标签，其目的在于向消费者提供有关产品特性的明确信息，避免产品欺诈，并为生产优质伊比利亚黑猪的农户提供有力保障。如"De bellota"代表只采食橡果，或采食当地牧草和其他自然资源散养育肥的伊比利亚黑猪；"De cebo de campo"代表散养育肥的伊比利亚黑猪，但是饲料不只是橡果，还可以有谷物和豆类等；"De cebo"代表圈养育肥，饲料主要有谷物和豆类等粮食作物，集约养殖。对于基因纯度，该法令也详细规定了其销售名称："100% Ibérico"是指伊比利亚黑猪肉产品来自于基因纯度100%的伊比利亚黑猪，其父母本同样有100%的伊比利亚黑猪基因，并且在相应的家谱注册登记；"Ibérico"则代表其猪肉产品来自于基因纯度大于50%的伊比利亚黑猪（其中75%伊比利亚黑猪血统指的是母本为100%的伊比利亚黑猪，父本由100%伊比利亚母本和100%的杜洛克父本杂交而成；50%伊比利亚黑猪血统规定母本为100%的伊比利亚母猪和100%的杜洛克父本，两者均应在该品种相应谱系中登记）。同时法令中规定了父本及母本认定的正规性，应通过其"基因证书"来证明。该证书应由有关官方机构颁发。针对于跨境黑猪获取75%伊比利亚基因的黑猪，应通过伊比利亚质量标准协调局来决定其基因纯度。

为了让不同消费者更直观地区分伊比利亚黑猪肉产品，西班牙政府又根据其基因纯度及养殖方式制定了对应的颜色标签。

标签颜色	产品来源（基因纯度及养殖方式）
黑色	100%伊比利亚黑猪、只喂食橡果、橡树林放养
红色	伊比利亚黑猪（至少50%纯种基因）、只喂食橡果、橡树林放养
绿色	伊比利亚黑猪（至少50%纯种基因）、喂食育肥饲料、放养或圈养
白色	伊比利亚黑猪、喂食育肥饲料、圈养

西班牙伊比利亚黑猪从品种认证到养殖过程再到屠宰深加工，每一环节都有严格的规章制度，在执行过程中政府进行了有效监督和管理。"有法可依，有序可循"的伊比利亚黑猪肉制品在西班牙乃至国际市场得到了很高的认可，其巨大品牌影响力大大地提高了整个价值链的利润，促进了伊比利亚黑猪产业可持续发展，这种黑猪产业发展理念值得学习和借鉴。

第七章　中国黑猪产业发展面临的问题与约束

一、黑猪种质资源保护力度不够

虽然我国已经确定了国家级保种场、保种区，同时建立了基因库等用来保护地方品种资源，但保种任务和费用大部分由企业或者个人承担，保种补贴政策覆盖面有限，精准度不够，缺乏长效的资金投入管理机制，容易由于资金投入不足，保种群体规模小，饲养管理设备陈旧老化且不适宜、近亲杂交等原因，造成地方黑猪种群退化缩小，直至灭绝。主要表现为以下三方面：一是地方黑猪种质资源保护力度不够，主要表现为地方黑猪种质资源缺乏长效的资金投入机制，导致黑猪品种选育力度不够，选育方向不适合市场需求，产业化格局尚未形成；二是黑猪种质资源保护补贴政策覆盖面有限、精准度不够，对主产区域、重点种质、基础设施、技术保障的支持不够；三是黑猪种质资源保护与开发利用脱节，尚未建立以黑猪种质资源保护促进黑猪产业开发利用，以黑猪产业开发利用反推种质资源保护的良性循环机制。

二、黑猪产品开发利用深度不足

目前，黑猪企业发展势头稳步前进，但产业整体仍处于初级阶段，黑猪肉消费市场体系较为杂乱，市场尚未做细分，尤其是对于特定人群需求的黑猪肉制品少见于市场。黑猪肉制品开发多元化、差异化力度仍然不够，尤其是对于缺少优质黑猪肉精深加工，没能够充分利用黑猪肉的优良指标开发出附加值更高的肉制品。我国黑猪肉产品开发利用程度不足主要表现如下。一是黑猪肉产品精深加工不足。市场上的黑猪肉产品主要以生鲜肉为主，没有利用黑猪肉品质特性开发出溢价程度较高的黑猪肉制品，像壹号土猪、精气神等有一定影响力和知名度的黑猪企业仅停留在生产"生鲜肉"（冷鲜肉、分割肉以及冷鲜包装肉）这一水平，产品深加工程度不够。二是缺乏对黑猪肉消费市场的深入研究，特别是对目标人群的消费偏好、消费行为、价格接受区间等缺乏调查研究。三是尚未细分黑猪肉消费市场，满足特定人群需求的黑猪肉市场细分还不完善，黑猪产业多元化、差异化开发力度仍然不够。

三、黑猪市场品牌培育尚未成熟

由于多数黑猪企业以养殖为主，缺乏对于黑猪肉终端消费市场的了解，特别是缺乏对目标消费人群的消费偏好、消费行为、价格接受区间等调查研究，导致公司无法有效做好产品开发和定位，其产品不具备特色优势和价格优势，产销不能有效对接，销售市场不能得到长期保障，严重制约着我国黑猪产业品牌培育。虽然我国出现了"壹号土猪""精气神""雏牧香""膳博士"等有一定影响力和知名度的黑猪品牌，但多数黑猪企业品牌意识不强，对于产品包装和精深开发所带来的宣传引导以及市场开发缺乏主观能动性。另外，由于我国黑猪养殖区域主要集中在山区等交通不便区域，多采取当地养殖在当地销售形式，部分企业尚未能形成规模化养殖，未能形成品牌效应。因为缺乏品牌效应，加上由于其脂肪含量较高，按照普通生猪收购标准，其白条销售价格甚至比普通商品白猪的价格还要低，不能从根本上实现地方特色产品优质优价，极大程度地制约了我国黑猪产业链的长期可持续发展。

四、黑猪识别和认证体系尚未完善

黑猪识别和认证体系尚未建立是制约黑猪产业健康、快速发展的瓶颈之一。目前，我国对黑猪的定义还缺乏国家标准，黑猪的识别体系、评价体系和认证体系都因缺乏技术或没有确定相应指标。黑猪生产所涉及的环节标准尚未出台，如具体养殖标准规范、饲料配比推荐标准、肉质评判实施规范、屠宰标准等。黑猪产业体系标准的缺失给不良商家投机取巧的机会，市场上各种打着黑猪肉、土猪肉招牌的猪肉产品层出不穷、鱼龙混杂。这类猪肉存在以次充好、漫天要价的行为，严重扰乱了整个黑猪肉市场的价格体系和质量体系。更有甚者，利用各种虚假宣传和噱头夸大黑猪肉功效和营养价值，误导消费者。同时，缺失有效的黑猪胴体质量价值评判，生猪价值信息和猪肉产品价值信息不能有效流通交换。一方面，优质优价的市场信息不能有效地反馈到养殖及育种环节，导致黑猪种质优化和市场需求脱节；另一方面，虽然很多黑猪生产企业都对养殖户做出了"利润保底"的承诺，但是养殖户不能享受到真正的"猪肉增值"，导致其养殖优质黑猪的积极性不能得到最大限度的调动。长此以往，刚刚培育出的黑猪市场必将受到冲击，势必影响黑猪产业的健康、快速发展。

第八章 推动黑猪产业发展的对策措施

一、珍爱独特种质资源，以开发利用进行保护

随着我国消费多元化日益显著，"洋猪满天下"的生产模式已经不能完全满足国内消费市场的需求，猪肉消费市场的多元化成为一种必然的发展趋势。我国猪种资源丰富，这为满足多元化的市场需求奠定了良好的基础，优良的黑猪猪种是推动生猪产业转型升级和猪肉消费的基础和关键。同时中国地方猪种，尤其是黑猪猪种的开发利用也迎来了一个崭新的时代，从根本上解决我国黑猪保种问题，合理有效地开发利用地方黑猪猪种资源，首先需要充分发挥国家政策带动和财政引导作用，重视对纯种优良黑猪种质资源保护工作的资金和设施投入，调动企业、高校研究院所的积极性。一方面鼓励有条件的养殖企业，先积累一些纯种黑猪品种资源，为今后更多黑猪品种的开发利用提供基础素材；另一方面注重对于黑猪种质特性研究，进一步挖掘黑猪开发利用价值，深入探索建立公司与高校科研院所联合育种保护开发机制，形成长期稳定的产学研合作、优势互补、共同开发，进一步做强黑猪育种工作，提升育种创新能力。

二、加大品牌培育力度，以优质优价促进升级

通过深入挖掘中国黑猪文化内涵和历史资料，借助媒体力量增强黑猪文化展示与推动功能，加大黑猪产业宣传，以文化影响推动品牌的提升。完善黑猪安全、营养检测技术手段，规范饲养、屠宰、加工、流通等环节的技术规程，以技术规范促进黑猪品质提升。通过组织消费者开展黑猪生态放养观赏、认养、产品品鉴等营销活动，培育人们黑猪肉产品消费习惯，以营销活动培育消费行为。加强消费引导，构建营养、健康、绿色的消费理念，宣传科学的营养知识和食物理念，提高居民对

黑猪肉的消费认知。从安全、营养、口感方面入手，加强黑猪肉品质检测评价研究，进而建立中国黑猪肉分等分级规范体系。中国黑猪肉分等分级规范体系的建立有利于优质优价的市场规范形成，既可以敦促生产者改进黑猪肉产品品质，也可以提高消费者对黑猪肉的认可度，推进猪肉产品消费。

三、制定行业标准体系，以规范促进市场拓展

完善的黑猪产业规范体系可以为黑猪产业健康发展保驾护航。一是应尽快建立中国黑猪行业国家标准体系。明确中国黑猪定义，通过标准的制定、标识的分类、品质的认证，确立中国黑猪认证体系。二是建立中国黑猪及产品标识制度，通过中国黑猪肉生产全过程经评定机构评定合格后，企业可在其产品或产品包装上使用中国黑猪肉标识。三是加强对黑猪市场的规范和企业的监管。建立黑猪市场规范和监管长效制度，建立企业"红名单"和"黑名单"监管制度，把好质量安全关。四是加强我国黑猪产业链上游、中游、下游各个环节的监督管理工作，针对黑猪产品特性制定并建立完善的产品质量和安全评判检测体系，同时加强标准化活动的监督检查，对于黑猪生产投入品和各环节生产资料实行全程质量监控。五是建立以"产业标准体系为引导，企业自我声明为担保"双保险的创新模式。积极鼓励黑猪产业联盟企业开展"自我约束、自我声明"评价机制，从企业自身内部出发，优化完善产业标准实施，确保黑猪产业整体规范提升。

四、实现黑猪优势转化，以消费推动产业升级

与国外瘦肉型商品猪相比，我国黑猪品种具有肉质好、肌纤维细、肌内脂肪含量较高、肌肉口感嫩而多汁等特点，应该以以上品种优势为依托，根据地方特色，开发出具有地方特色的系列产品；同时推动产品规模化开发，满足市场多样化需求。具有实力的黑猪企业应加大科技投入，大力开发高端产品，对加工技术进行改进与创新，进行深度开发、产品系列开发，生产出更多适合市场需求的高端产品，如冷鲜分割包装肉、火腿制品等系列产品，大力开发高端消费市场，提高黑猪肉产品的科技附加值和整体价值链利润。以满足消费者需求、增加消费者体验为原则，标准化研制过程，将消费者体验需求贯穿于黑猪品种培育、养殖、屠宰及深加工等

产品全周期流程，使得产业链上企业动态适应消费者需求。黑猪产业链企业生产尽可能从粗放式生产型向消费性、客户需求型转变。应该秉承以消费者日益增长的美好生活需求为目标，从消费者视角出发，将消费者需求转化为核心质量评判标准。

五、借鉴国际先进经验，以建立中国特色保种机制

结合国际本土生猪保种利用成功案例，依照"地方品种、当地保护、政府主导、企业参与"的原则，倡导各地政府、协会（养殖合作社）、企业、农户等黑猪生产环节相关参与者分工合作、共同参与的方法，加大政府政策扶持力度和资金投入，鼓励社会各界力量参与，积极开展保种和开发利用工作。地方有关部门要定期组织专业技术人员对于本地黑猪种资源进行全面普查，对种群规模、性能特征、保种成效等进行调查，及时掌握种群动态变化。针对不同的地方猪种，要在充分调查研究的基础上，结合实际情况积极采取相应的保护措施，制定短中长期保种方案以及品质标准，种群数量要达到保种的最低限度要求，严格控制黑猪群体的近交系数。建立中国特色保种机制要开展以下四个方面工作。

一是建档分析。登记当地黑猪品种，围绕其种质特性制定品种登记规程，对于符合标准的种猪颁发品种认证证书。建立黑猪系谱档案，规范育种资料、生产资料等记录工作，完善资料整理和分析制度。为了更妥善地建立黑猪种质资源库，可以借助现代技术，采用传统生物保种和基因库保种相结合的保种体系，以保种区、保种场为主，基因库保种为辅的方式，优势互补，提高黑猪保种效率。二是为了防止跨区保种的不适应因素等发生，坚持以原产地活体保种为主，优势种质资源互为补充的保种体系。保种群内维持一定数量的纯种公猪血统，以保障其遗传多样性，避免近交退化。保种区严格管理，杜绝饲养血统不纯正的母猪。三是在制订黑猪种群保种计划时，要结合实际情况，对于影响黑猪市场性能的各项指标要清楚注明，如生产繁殖性能（产仔数、料肉比等）以及屠宰性能（活体重、屠宰率、胴体长、瘦肉率等）。四是同时要探索市场化运作模式，建立新型黑猪价值链利益分享机制，积极研发优质黑猪肉产品，实行优质优价，推动开发利用和资源品种保护有机结合，使保种生产和效益共同发展。

附　件

附件1　常见地方黑猪特征

分类	代表猪种	体型外貌	猪种特点
华北型	民猪、八眉猪、莱芜猪、徒河黑猪	体躯高大、背狭而长直、四肢粗壮、骨骼发达、头嘴长直、耳大下垂、额部多纵行皱纹、皮厚、被毛多为黑色，偶尔在末端出现白斑	抗寒力强、护仔性极强、育肥能力一般，屠宰率在60%~70% 肉味香浓 繁殖性较好
华南型	滇南小耳猪、陆川猪、槐猪、桃园猪、香猪、五指山猪	个体偏小、体型丰满、骨骼细小、背多下凹、腹大下垂、皮薄毛稀、毛色多为黑色或黑白花、头较短小、面有横行皱纹、耳小上竖或向两侧平伸、猪的体型有短、宽、矮、圆四大特点	早熟、易肥、骨细、膘厚、腹内脂肪多、肌肉多汁、繁殖力较低 产仔8~9头
华中型	宁乡猪、湘西黑猪、大花白猪、南阳黑猪　金华猪、华中两头乌猪	背腰较宽，多下凹，腹大下垂，面部多有横行皱纹，耳中等大下垂，被毛稀疏，毛色多为黑白花，体格比华南型猪大	生产性能介于华北华南型之间，繁殖性能中等偏上，生长相对较快，经济成熟期早，肉质好，风味佳
江海型	太湖猪、浙江虹桥猪	头大小适中，额宽皱纹深，有纵有横，多呈菱形，耳大下垂，背腰较宽，平直或稍凹，腹部较大，骨骼粗壮，皮厚而松软，多有皱褶，毛色多为黑色或有少量白斑	繁殖力高，经产母猪一般产仔数在13头以上，多则20头以上 乳头多为8对以上 性成熟早，母猪在3~4月龄达性成熟 易沉积脂肪
西南型	四川的内江猪、荣昌猪 贵州关岭猪 云南富源大河猪乌金猪	个体较大 头大，腿粗短 额部多有旋毛或横行皱纹 毛色复杂，毛以全黑和六白（包括不完全六白）较多，也有黑白花和红花猪	四川盆地的猪种早熟易肥 云贵高原的猪种放牧性较好 肌肉结实 繁殖力较低，每窝平均产仔数8~10头 出生重较小，平均0.6kg
高原型	藏猪	体型紧凑，头狭长呈锥形，身体健壮，善于奔跑 四肢发达，系短而有力，蹄小结实 嘴尖长而直，耳小直立 背窄微弓，腹小；臀倾斜，心肺发达 皮厚毛密，冬季生绒毛；乳头5对	小型晚熟 放牧性能好，适应性和抗逆性强 耐寒耐饥 繁殖力低 生长慢，屠宰率不高，瘦肉多，风味好

附件2 中国黑猪遗传资源保护情况

猪种	产区	保种情况	培育品种		保种场
			杂交母本或父本	二代（商品名）	
马身猪	山西	加强保护	大白F	山西黑猪、太原花猪	大同种猪场
河套大耳朵猪	内蒙古巴彦淖尔	用作商用	约克夏、长白猪F		五原塔尔湖猪场
民猪	黑龙江、吉林	用作商用	杜洛克、大白、长白		兰西县种猪场
荷包猪（民猪）	辽宁	加强保护			
枫泾猪	上海松江区和江苏吴江市	用作商用	长白、大约克夏、皮特兰、杜洛克	金枫猪	上海金山区枫泾猪保种场
浦东白猪	浦东新区	用作商用	大白、长白		上海绿茂浦东白猪生产合作社
东串猪	江苏如皋及泰兴市东	用作商用	约克夏、苏联大白、长白	土三元（当地）、通如黑猪	南通县种畜场
二花脸猪	江苏无锡	用作商用	约克夏、长白	申农一号（品系）、苏太猪、苏钟猪	江苏市苏太
淮猪					
淮北猪（63%）	江苏北部	用作商用	约克夏、长白、大白		江苏东海种猪场
山猪	江苏丘陵地区	濒临灭绝			
灶猪	江苏盐城	濒临灭绝	杜洛克、汉普夏		大丰市种猪场
定远猪（霍寿黑猪）（23%）	安徽定远	加强保护	杜洛克		安徽农业科学院畜牧兽医研究所科研基地
皖北猪	安徽北部	濒临灭绝	－		
淮南猪（6%）	大别山以北的信阳地区	加强保护	杜洛克	豫南黑猪	
姜曲海猪（大伦庄猪、曲塘猪和海安团猪）	江苏泰州、南通、扬州	加强保护			江苏省畜牧兽医技术学院姜曲海种猪场
梅山猪	长江三角洲	用作商用	长白、皮特兰		
米猪	江苏金坛	加强保护	长白、约克夏、杜洛克		江苏永康农牧科技有限公司
沙乌头猪	江苏南通	濒临灭绝			

猪种	产区	保种情况	培育品种		保种场
			杂交母本或父本	二代（商品名）	
碧湖猪	浙江丽水市	加强保护	大约克夏、长白		碧湖猪种质资源保护场
岔路黑猪	浙江宁波	加强保护			宁海县绿生牧业有限公司
金华猪	浙江金华	用作商用			
嘉兴黑猪	浙江嘉兴	用作商用	长白（37.5%）、杜洛克（25%）	新嘉系	
兰溪花猪	浙江兰溪	加强保护			
嵊县花猪	浙江嵊州	加强保护			嵊县花猪繁育场
仙居花猪	浙江仙居	加强保护			
安庆六白猪	安徽安庆	加强保护			
皖南黑猪（杨山黑猪、绩溪黑猪）	安徽南部	加强保护			宁国市凤形农林开发
圩猪	安徽圩区和丘陵地区	加强保护			安徽安泰农业开发公司
皖浙花猪（皖南花猪和淳安花猪）	安徽黄山和浙江淳安	加强保护	约克夏、长白		皖浙花猪原种场
官庄花猪	福建	加强保护	未进行系统选育、农户自繁自养		
槐猪	福建上杭	加强保护	杜洛克、大白、长白		上杭县畜牧兽医局
闽北花猪	福建北部	加强保护	长白最优		顺昌县浦上镇
莆田猪	福建莆田	加强保护	苏白、长白		
武夷黑猪	福建武夷	加强保护	约克夏		浦城良种种猪繁殖中心
滨湖黑猪	江西鄱阳湖	加强保护	约克夏、苏白		星子种畜场
赣中南花猪	江西中南部	加强保护	约克夏		万安县畜禽原种场
杭猪	江西杭口、上杭	加强保护	约克夏、苏白		江西修水保种场
乐平花猪	江西乐平	加强保护	杜洛克、长白		乐平市种猪场、东乡欣荣畜牧
玉江猪（江西玉山黑猪和浙江江山黑猪）	江西玉山、浙江江山	加强保护	约克夏、长白		
大蒲莲猪	山东济宁	加强保护	大白、长白		汶上县保种场

（续表）

猪种	产区	保种情况	培育品种		保种场
			杂交母本或父本	二代（商品名）	
莱芜猪（黄淮海黑猪）	山东莱芜	用作商用	大约克夏	鲁莱黑猪	
南阳黑猪	河南内乡	用作商用	大约克夏、长白	南阳黑猪（杂种比例97%）	
确山黑猪	河南驻马店确山	加强保护			竹沟镇、肖庄村
清平猪	湖北清平	加强保护	杜洛克F、大白、长白		当阳市
阳新猪	湖北阳新县	加强保护	大白、长白		湖北畜牧局主推
大围子猪	湖南长沙	加强保护			长沙县大围子猪良种繁育场
华中两头乌猪					
沙子岭猪	湖南湘潭	加强保护	长白、大白		
监利猪	湖北监利县	加强保护	约克夏、长白、杜洛克		
通城猪	湖北崇阳、赤壁	加强保护	约克夏、大白、长白		
赣西两头乌猪	江西萍乡市	濒临灭绝			
东山猪	广西东山瑶柱自治区	加强保护	约克夏、长白		东山乡、白宝乡
宁乡猪	湖南宁乡	用作商用	中约克夏、大约克夏、长白、杜洛克		宁乡
黔邵花猪（东山猪、凉伞猪、龙潭猪）	湖南怀化	加强保护	长白、约克夏		
湘西黑猪（桃源黑猪、浦市黑猪、大合坪黑猪）	湖南西部	加强保护	长白、大白、杜洛克、汉普夏		桃源县
大花白猪	广东	加强保护	长白		
蓝塘猪	广东紫金县	加强保护	长白		
粤东黑猪（惠阳黑猪、饶平黑猪）	广东省潮州市	加强保护	杜洛克		
巴马香猪	广西东山瑶柱自治区	加强保护			巴马镇巴马香猪国家级保种场
德保猪	广西省德保县	加强保护			

（续表）

猪种	产区	保种情况	培育品种		保种场
			杂交母本或父本	二代（商品名）	
桂中花猪	广西百色市平果县	加强保护	约克夏、长白		
两广小花猪					
陆川猪	广西省陆川县	加强保护	长白、杜洛克		陆川县陆川猪保种场
广东小耳花猪	广东省茂名市	加强保护	长白、杜洛克		广东电白、高州、茂南保种场
墩头猪	海南省东方市	加强保护			
隆林猪	广西省隆林各族自治县	加强保护			
海南猪	海南岛北半部	加强保护	巴克夏、长白、大白、杜洛克		定安县畜牧兽医局
五指山猪	海南省五指山区	濒临灭绝			海口市灵山镇五指山原种场
荣昌猪	重庆市荣昌县	加强保护	长白、约克夏、杜洛克		重庆市种猪场
成华猪	成都市	加强保护	长白、约克夏、杜洛克		成都市种畜场
湖川山地猪					
恩施黑猪	恩施自治州咸丰县	加强保护	大白、长白、杜洛克		咸丰县种猪场
盆周山地猪	重庆市酉阳县、四川省巴中市	加强保护	长白、约克夏		
合川黑猪	重庆市合川区	加强保护	长白、大约克夏		钱塘镇保护区
罗盘山猪	重庆市潼南县	加强保护			
渠溪猪	重庆市丰都县	加强保护	长白、约克夏		
丫杈猪	四川省泸州市	加强保护	大白、杜洛克		观文镇保种场
内江猪	四川省内江市	加强保护	长白、大约克夏、杜洛克		内江种猪场
乌金猪					
柯乐猪	贵州省赫章县	加强保护	约克夏、巴克夏		赫章县畜牧局
大河猪	云南省富源县	加强保护	巴克夏、长白、杜洛克		富源县政府
昭通猪	云南省昭通市	加强保护	长白、巴克夏、大约克夏		
凉山猪	四川省凉山彝族自治州	加强保护	长白、大约克夏		故里片区保护区

（续表）

猪种	产区	保种情况	培育品种		保种场
			杂交母本或父本	二代（商品名）	
雅南猪	四川省洪雅县等	加强保护	长白、约克夏、巴克夏		
白洗猪	贵州省施秉县	加强保护			
关岭猪	贵州省苗族自治县	加强保护	苏白		六枝特区种蓄场
江口萝卜猪	贵州省江口县	加强保护			
黔北黑猪	贵州省遵义市	加强保护	杜洛克、大约克夏		
黔东花猪	贵州省黔东南州	加强保护	长白、大约克夏		山洞村黔东花猪保种区
香猪	贵州省从江县、广西省环江县	加强保护			从江县香猪原种场、环江县香猪保种场、贵州大学白香猪育种场
保山猪	云南省保山市	加强保护	杜洛克、大约克夏、长白、汉普夏		
高黎贡山猪	云南省怒江州高黎贡山	加强保护	杜洛克、汉普夏、大约克夏、长白		
明光小耳猪	云南省腾冲北部明光乡	加强保护	汉普夏、巴克夏、杜洛克		
滇南小耳猪	云南省西双版纳州等	加强保护	巴克夏、长白、杜洛克、汉普夏		西定、布朗山、象明保种区
撒坝猪	云南省昆明市禄劝县	加强保护	丹系长白、法系长白、美系大白、杜洛克		
藏猪					
西藏藏猪	西藏省林芝地区	加强保护			
迪庆藏猪	迪庆藏族自治州	加强保护	杜洛克、巴克夏、汉普夏		
四川藏猪	四川阿坝藏族自治州	加强保护	长白、中约克夏		四川甘孜州稻城县藏猪保护区
合作猪	甘肃省甘南藏族自治州	加强保护			
双江黑猪	陕西省汉中西部山区	加强保护			勉县黑河猪场、略阳县种猪场

（续表）

猪种	产区	保种情况	培育品种		保种场
			杂交母本或父本	二代（商品名）	
八眉猪	陕西省榆林市定边县	加强保护	大白、长白、杜洛克		陕西定边、甘肃灵台八眉猪保种场
兰屿小耳猪	台湾省台东县兰屿岛	加强保护			
桃园猪	台湾省	加强保护			

附件3 部分黑猪企业产品销售情况

企业	市场品牌	价格（元/kg）	销区	销售渠道
广东壹号食品有限公司	壹号土猪	60~100	全国一二线城市	专卖店、超市专柜、农贸市场、电商平台
湘村高科农业股份有限公司	湘村黑猪	50~60	全国一二三线城市	专卖店、超市专柜、电商平台
浙江青莲食品股份有限公司	膳博士	64~80	华中、华东一二三线城市	专卖店、超市专柜、农贸市场、电商平台
吉林精气神有机农业股份有限公司	精气神	80~120	东北、华北、华中、华南一二线城市	专卖店、超市专柜、电商平台
网易味央（高安）现代农业产业园	味央黑猪	50~100	华东、华南	电商平台
山东六润食品有限公司	莱黑	100	山东地区	专卖店、超市专柜、电商平台
湘西芙蓉资源农业科技有限公司	湘西黑猪、芙蓉黑猪	38~50	华北、华中一二线城市	专卖店、超市专柜、电商平台
山东徒河黑猪食品股份有限公司	徒河黑猪	120~200	山东地区	专卖店、体验店
四川邛崃市嘉林生态农场	嘉林黑猪	60	西南二线城市	专卖店
湖南省流沙河花猪生态牧业有限公司	宁乡花猪（流沙河花猪）	80~100	华南地区	专卖店、超市专柜、农贸市场、电商平台
北京黑六牧业科技有限公司	黑六	100	北京	专卖店、超市专柜、电商平台
湖南长沙县双辉农牧开发有限公司	罗代黑猪	96	湖南长沙	专卖店、电商平台
三门峡雏鹰农牧有限公司	雏鹰黑猪	70	西南、华中、华东一二三线城市	专卖店、电商品台、超市专柜

参考文献

［1］ Trienekens J, Wognum N. Requirements of supply chain management in differentiating European pork Chains ［J］. Meat Science 2013 （95）: 719-726.

［2］ Bundesministerium für Ernährung, Landwirtschaft und Verbraucherschutz. Tiergenetische Ressourcen in Deutschland, Bonn: 2008.

［3］ Bundesanstalt für Landwirtschaft und Ernährung （BLE）. Einheimische Nutztierrassen in Deutschland und Rote Liste gefährdeter Nutztierrassen 2017, Bonn: 2018.

［4］ Bundesanstalt für Landwirtschaft und Ernährung. Genetische Ressourcen in der Schweinezucht, Bonn: 2014.

［5］ FAO. Animal Genetic Resources for Food and Agriculture, Rome: 2015.

［6］ Trienekens J, Wognum N, Nijhof-Savvaki R, Wever M. Developments and challenges in the European pork sector - IAMA 2008 Symposium,.

［7］ BOE-A-2014-318 Spain, Real Decreto 4/2014, de 10 de enero, por el que se aprueba la norma de calidad para la carne, el jamón, la paleta y la caña de lomo ibérico. .

［8］ 孙泉云, 卫金良, 曹建国. 中国土种黑猪的开发和利用现状 ［J］. 上海畜牧兽医通讯, 2013 （3）: 45.

［9］ 郑雪君, 杨婷婷. 中国地方猪品种的保护和利用分析 ［J］. 中国畜牧杂志, 2016, 51 （16）: 24-27.

［10］ 郭源梅, 李龙云, 赖昭胜, 等. 中国地方猪种利用现状与展望 ［J］. 江西农业大学学报, 2017, 39 （3）: 427-435.

［11］ 张树敏. 优质特色黑猪种源创新与产业开发 ［J］. 饲料与畜牧, 2018: 01.

［12］ 张进成, 侯庆文, 黄瑞华. 创新开发模式 做大做强淮安黑猪产业 ［J］. 江苏农业经济, 2015 （9）: 24-27.

［13］ 赵思思, 贾青, 胡慧艳, 等. 华中型地方猪品种资源变化分析 ［J］. 湖

南农业科学，2016（9）：66-72.

[14] 胡慧艳，贾青，李晓敏，等．地方猪种遗传资源开发利用现状［J］．现代畜牧兽医，2016（9）：29-32.

[15] 刘文营，高欣悦，李享，等．几种地方猪猪肉及其腊肉制品的感官特性和理化品质分析［J］．食品科学，2019（4）：http：//kns.cnki.net/kcms/detail/11.2206.TS.20190329.1426.034.html.

[16] 杨二林，江利华，田益玲．不同地方品种猪的肉质品质的研究［J］．猪业科学，2016，33（7）：125-126.

[17] 吴涛，王金利，郑业鲁．我国生猪产业标准化的现状和发展对策的建议［J］．猪业科学，2018，35（6）：121-124.

[18] 和俊豪，张昆仑，任强，等．豫西黑猪未来发展之路［J］．当代畜牧，2017：66-68.

[19] 陈新欣，周辉，李娜，等．原料肉特性对湖南腊肉品质的影响［J］．现代食品科技，2016，32（7）：195-236.

[20] 叶青，郑莉，谈立，等．标准化助推食品相关产品质量提升机制的研究［J］．中国标准化，2018，517（5）：51-57.

[21] 李连成，戚守登．如何开发利用黑猪品种发展黑猪养殖生产［J］．猪业科学，2019，36（4）：130-132.

[22] 赵健，王蒙，谢建春，等．黑猪肉关键香气物质分析鉴定［J］．食品科学，2018，39（2）：203-209.

[23] 范志平．浅谈如何推进团体标准助推产业转型升级［J］．科技与创新，2017（13）：123-126.

[24] 刘晓明，蒋建平，朱东锋．以团体标准推动产业转型升级的路径及实践［J］．中国战略新兴产业，2018（44）：83.

[25] 中国畜禽遗传资源委员会．中国畜禽遗传资源志 猪志［M］．北京：中国农业出版社，2011.

[26] GB 5009.6—2016食品安全国家标准-食品中脂肪的测定.

致　谢

　　《中国黑猪产业品牌培育与消费升级研究报告》是由中国肉类协会、中国畜牧业协会、中国农业科学院北京畜牧兽医研究所、农业农村部食物与营养发展研究所共同编写，在编写过程中受到以上四家单位领导的指导和支持。

　　农业农村部畜牧兽医局、全国畜牧总站给予了本报告指导和支持，中国农业大学王爱国教授、农民日报社焦宏、知名品牌策划专家候韶图等专家学者分别从专业角度给予指导。

　　编写组借此机会向上述单位和个人表示衷心感谢。

　　资料调研和报告编写涉及单位广、参与人员多，在编写过程中向我们提供帮助的人员的姓名可能会被遗漏，对此，我们表示诚恳的歉意。

　　最后，需要指出的一点是，这是第一部梳理中国黑猪产业品牌培育和消费升级的研究报告，可资借鉴的经验不多。报告中难免存在不足和疏漏甚至错误，在此，我们既诚恳地希望得到社会各界和专业人士的理解和支持，更热切地欢迎大家对报告提出批评、意见和改进建议，以便再版时修改完善。